Alibaba Group | 技术丛书

阿里巴巴
Java开发手册

杨冠宝（孤尽） 编著

第2版

电子工业出版社
Publishing House of Electronics Industry
北京·BEIJING

内 容 简 介

本手册的愿景是码出高效，码出质量。它结合作者的开发经验和架构历程，总结阿里巴巴集团技术团队的软件设计与实践，浓缩成为立体的编程规范和最佳实践。

众所周知，现代软件行业的高速发展对开发工程师的综合素质要求越来越高，因为软件最终的交付质量不仅受开发工程师相关知识点的影响，同样也受其他维度的知识点影响，比如，数据库的表结构和索引设计缺陷会引起软件的架构缺陷或性能风险；单元测试的失位会导致系统集成测试更加困难；没有鉴权的漏洞代码易被黑客攻击等。所以，本手册以开发工程师为中心视角，划分为编程规约、异常日志、单元测试、安全规约、MySQL数据库、工程结构、设计规约七个维度。在每个条目下提供相应的扩展解释和说明、正例和反例，全面、立体、形象地帮助开发工程师成长，有助于促进团队代码规约文化的形成。

积小流成大海，积跬步至千里。经过认真倾听读者反馈，学习开源社区的详细建议，本手册在第1版的基础上，增加前后端规约，发布错误码解决方案，修正架构分层图例等相关内容，新增59条规约，修正202原有规约，完善8个示例，是面向业界以来更为完善的版本。

从严格意义上讲，本手册超越了Java语言本身，明确了作为一名合格的开发工程师应该具备的基本素质。因此，本手册适合计算机相关行业的管理者、研发人员，高等院校的计算机专业师生、求职者等阅读。希望成为大家如良师益友般的工作手册、工具书和床头书。

未经许可，不得以任何方式复制或抄袭本书之部分或全部内容。
版权所有，侵权必究。

本书著作权归阿里巴巴（中国）有限公司所有。

图书在版编目（CIP）数据

阿里巴巴 Java 开发手册 / 杨冠宝编著. —2 版. —北京：电子工业出版社，2020.9
ISBN 978-7-121-39592-5

Ⅰ. ①阿… Ⅱ. ①杨… Ⅲ. ①JAVA 语言—程序设计—技术手册 Ⅳ. ①TP312.8-62

中国版本图书馆 CIP 数据核字（2020）第 175530 号

责任编辑：孙学瑛
印　　刷：中国电影出版社印刷厂
装　　订：中国电影出版社印刷厂
出版发行：电子工业出版社
　　　　　北京市海淀区万寿路 173 信箱　　邮编：100036
开　　本：787×1092　　1/32　　印张：4.25　　字数：68 千字
版　　次：2018 年 1 月第 1 版
　　　　　2020 年 9 月第 2 版
印　　次：2024 年 9 月第 9 次印刷
定　　价：45.00 元

凡所购买电子工业出版社图书有缺损问题，请向购买书店调换。若书店售缺，请与本社发行部联系，联系及邮购电话：（010）88254888，88258888。
质量投诉请发邮件至 zlts@phei.com.cn，盗版侵权举报请发邮件至 dbqq@phei.com.cn。
本书咨询联系方式：010-51260888-819，faq@phei.com.cn。

专家语录

"一个优秀的工程师和一个普通工程师的区别，不是满天飞的架构图，他的功底体现在所写的每一行代码上。"

"工程师对于代码，一定要'精益求精'，不论是性能，还是简洁优雅，都要具备'精益求精'的工匠精神，认真打磨自己的作品。"

"对程序员来说，关键是骨子里意识到规范也是生产力，个性化尽量表现在代码可维护性和算法效率的提升上。"

第 2 版
序

别人都说我们是"搬砖"的码农，但我们知道自己是追求个性的艺术家。也许我们不会过多在意自己的外表和穿着，但在我们不羁的外表下，骨子里追求着代码的美、系统的美、设计的美，代码规范其实就是对程序美的定义。但是这种美离程序员的生活有些遥远，尽管编码规范的价值在业内有着广泛的共识，在现实中却被否定得一塌糊涂。工程师曾经最引以为豪的代码，因为编码规范的缺失、命名的草率而全面地摧毁了彼此的信任，并严重地制约了高效协同。工程师一边吐槽别人的代码，一边写着被吐槽的代码，频繁的系统重构和心惊胆战的维护似乎成了工作的主旋律。

那么如何走出这种怪圈呢？众所周知，互联网公司的优势在于效率，它是企业核心竞争力。体现在产品开发领域，就是沟通效率和研发效率。对于沟通效率的重要性，可以从程序员三大"编程理念之争"说起：

- 缩进采用空格键，还是 Tab 键。
- if 单行语句需要大括号，还是不需要大括号。
- 左大括号不换行，还是单独另起一行。

在美剧《硅谷》中，你也许会记得这样一个经典镜头：主人公 Richard 与同为程序员的女友分手，理由是两人对缩进方式有着不同的习惯，互相鄙视着对方的 code style。Tab 键和空格键的争议在现实编程工作中确实存在。《阿里巴巴 Java 开发手册（第 2 版）》（以下简称"《手册》"）明确地支持了 4 个空格的做法，如果一定要问理由，那么没有理由，因为能够想出来的理由，就像坚固的盾一样，总有更加锋利的矛会戳破它。只想说，一致性很重要，无边无际争论的时间成本与最后的收益是成反比的。

Tab   **空格**

if 单语句是否需要大括号，也是争论不休的话题。相对来说，写过格式缩进类编程语言的开发者，更加习惯不加大括号。《手册》中明确，if/for 单语句必须加大括号，因为单行语句的写法，容易在添加逻辑时引起视觉上的错误判断。此外，if 不加大括号还会有局部变量作用域的问题，详见《码出高效：Java 开发手册》。

if 单语句不需要大括号　　　if 单语句必须加大括号

　　左大括号是否单独另起一行？因为 Go 语言强制不换行，在这点上，"编程理念之争"的硝烟味没有那么浓。如果一定要给一个理由，那么换行的代码可以增加一行，对于按代码行数考核工作量的公司员工，肯定倾向于左大括号前换行。《手册》中明确，左大括号不换行。

左大括号换行　　　　　　左大括号不换行

　　这些理念之争的本质就是自己多年代码习惯生的茧，不愿意对不一样的风格妥协，不愿意为了团队的整体效能提升而委屈自己。其实，很多编程方式客观上没有对错之分，一致性很重要，可读性很重要，团队沟通效率很重要。有一个理论叫帕金森琐碎定律：一个组织中的成员往往会把过多的精力花费在一些琐碎的争论上。程序员天生需要团队协作，而协作的正能量要放在问题的有效沟通上。个性化应尽量表现在代码可维护性和算法效率的提升上，而不是在合作规范上进行纠缠不休的讨论、争论，最后没有结论。规范不一，就像下图中的小鸭子和小鸡对话一样，言语不通，一脸囧相。鸡同鸭讲恰恰戳中了人与人之间沟通的痛点，自说自话，无法达成一致。再举个生活中的例子，交通规则中靠左行还是靠右行，两者孰好孰坏并不重要，重要的是必须在统一的方向上通行，表面上限制了自由，但实际上保障了公众的人身安全。试想，如果没有规定靠右行驶，那么路况肯定拥堵不堪，险象环生。同样，过分自由随意、天马行空的代码会严重地损害系统的健康，影响到可扩展性及可维护性。

为了帮助开发人员更好地提高研发效率,阿里巴巴集团基于《手册》内容,独立研发了一套自动化 IDE 检测插件。该插件在扫描代码后,将不符合《手册》的代码按 block/critical/major 三个等级显示在下方;在编写代码时,还会给出智能实时提示,告诉你代码如何编写可以更优雅、更符合大家共同的编程风格;对于历史代码,部分规则实现了批量一键修复功能。此插件已经在 2017 年杭州云栖大会上正式对外开放并提供了源码,下载地址为 https://github.com/alibaba/p3c。

第2版
前言

　　《阿里巴巴 Java 开发手册（第 2 版）》（以下简称"《手册》"）
是阿里巴巴集团技术团队的集体智慧结晶和经验总结，经历了多次大
规模一线实战的检验及不断完善，公开到业界后，众多社区开发者踊
跃参与，共同打磨完善，系统化地整理成册。在第 1 版基础上，认真
倾听读者反馈，学习开源社区的详细建议，增加前后端规约，发布错
误码解决方案，修正架构分层图例等相关内容，涉及 59 条新规约，
修正 202 处原有规约，完善 8 个示例，是面向业界 3 年以来更为完
善的版本。

　　现代软件行业的高速发展对开发者的综合素质要求越来越高，除
了编程知识点，其他维度的知识点也会影响到软件的最终交付质量。
比如，五花八门的错误码导致排查问题困难重重，数据库的表结构和
索引设计缺陷带来系统架构缺陷或性能风险，工程结构混乱导致后续
项目维护艰难，没有鉴权的漏洞代码易被黑客攻击等。因此，《手册》
以 Java 开发者为中心视角，划分为编程规约、异常日志、单元测试、
安全规约、MySQL 数据库、工程结构、设计规约七个维度，再根据内
容特征，细分成若干二级子目录。

另外，依据约束力强弱及故障敏感性，规约依次分为【强制】、【推荐】和【参考】三大类。在延伸信息中，"**说明**"对规约做了适当扩展和解释，"正例"表示提倡的编码和实现方式，"反例"表示需要提防的雷区，以及真实的错误案例。

《手册》的愿景是码出高效，码出质量。现代软件架构的复杂性需要协同开发完成，如何高效地协同呢？无规矩不成方圆，无规范难以协同，比如，制定交通法规表面上是要限制行车权，实际上是保障公众的人身安全。试想，如果没有限速，没有红绿灯，谁还敢上路行驶？对软件开发来说，适当的规范和标准绝不是消灭代码内容的创造性、优雅性，而是限制过度个性化，以一种普遍认可的统一方式一起做事，提升协作效率，降低沟通成本。代码的字里行间流淌的是软件系统的血液，质量的提升是尽可能少踩"坑"，杜绝踩重复的"坑"，切实提升系统稳定性。

我们已经在 2017 年杭州云栖大会上发布了配套的"Java 开发规约 IDE 插件"，下载量达到 160 万人次，阿里云效也集成了代码规约扫描引擎。2018 年，我们发布了 36 万字的配套详解图书《码出高效：Java 开发手册》，该书秉持"图胜于表，表胜于言"的理念，深入浅出地将计算机基础、面向对象思想、JVM 探源、数据结构与集合、并发与多线程、单元测试等知识客观而立体地呈现出来，紧扣学以致用、学以精进的目标，结合阿里巴巴实践经验和故障案例，与底层源码解析融会贯通、娓娓道来。《码出高效：Java 开发手册》和《手册》图书出版所得收入均捐赠公益事业，希望用技术情怀帮助更多的人。

目录

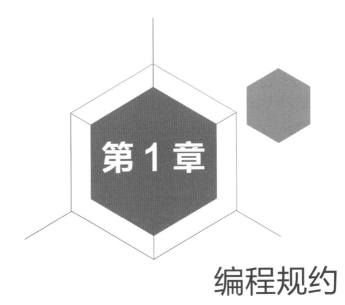

第 1 章

编程规约

本章是传统意义上的代码规范,包括变量命名、代码风格、控制语句、代码注释、前后端规约等基本的编程习惯,以及从高并发场景中提炼出来的集合处理技巧与并发多线程的注意事项。

1.1 命名风格

1 【强制】代码中的命名均不能以下画线或美元符号开始，也不能以下画线或美元符号结束。

反例：_name / __name / $name / name\_ / name$ / name__

2 【强制】所有编程相关的命名严禁使用拼音与英文混合的方式，更不允许直接使用中文的方式。

> 说明：正确的英文拼写和语法可以让阅读者易于理解，避免歧义。注意，纯拼音命名方式更要避免采用。

正例：ali / alibaba / taobao / cainiao/ aliyun/ youku / hangzhou 等国际通用的名称，可视同英文。

反例：DaZhePromotion [打折] / getPingfenByName() [评分] / String fw[福娃] / int 某变量 = 3

3 【强制】代码和注释中都要避免使用（任何人类语言的）涉及性别、种族、地域、特定人群等的歧视性词语。

4 【强制】类名使用 UpperCamelCase 风格，但以下情形例外：DO / BO / DTO / VO / AO / PO / UID 等。

正例：ForceCode / UserDO / HtmlDTO / XmlService / TcpUdpDeal / TaPromotion

反例：forcecode / UserDo / HTMLDto / XMLService /

    TCPUDPDeal / TAPromotion

⑤【强制】方法名、参数名、成员变量、局部变量都统一使用 lowerCamelCase 风格。

    正例: localValue / getHttpMessage() / inputUserId

⑥【强制】常量命名全部大写，单词间用下画线隔开，力求语义表达完整清楚，不要嫌名字长。

    正例: MAX_STOCK_COUNT / CACHE_EXPIRED_TIME

    反例: MAX_COUNT / EXPIRED_TIME

⑦【强制】抽象类命名使用 Abstract 或 Base 开头；异常类命名使用 Exception 结尾；测试类命名以它要测试的类的名称开始，以 Test 结尾。

⑧【强制】类型与中括号相连定义数组。

    正例: 定义整形数组 int[] arrayDemo;

    反例: 在 main 参数中，使用 String args[] 来定义。

⑨【强制】POJO 类中的任何布尔类型的变量，都不要加 is 前缀，否则部分框架解析会引起序列化错误。

> **说明**: 5.1 节"建表规约"中的第**①**条，表达是与否概念的变量采用 is_xxx 的命名方式，所以，需要在 \<resultMap\> 设置从 is_xxx 到 xxx 的映射关系。

反例：定义为基本数据类型 Boolean isDeleted 的属性，它的方法也是 isDeleted()，框架在反向解析的时候，"误以为"对应的属性名称是 deleted，导致获取不到属性，进而抛出异常。

⑩【强制】包名统一使用小写，点分隔符之间有且仅有一个自然语义的英语单词。包名统一使用单数形式，但是类名如果有复数含义，则类名可以使用复数形式。

正例：应用工具类包名为 com.alibaba.ei.kunlun.aap.util、类名为 MessageUtils（此规则参考 Spring 的框架结构）。

⑪【强制】避免在子父类的成员变量之间或者不同代码块的局部变量之间采用完全相同的命名，降低可理解性。

说明：子类成员、父类成员变量名相同，即使是 public 类型的变量也能够通过编译。虽然局部变量在同一方法内的不同代码块中同名是合法的，但是要避免使用。对于非 setter/getter 的参数名称，也要避免与成员变量名称相同。

反例：

```
public class ConfusingName {
    public int stock;
    // 非 setter/getter 的参数名称
    // 不允许与本类成员变量同名
    public void get(String alibaba) {
        if (condition) {
```

```
            final int money = 666;
            // ...
        }
        for (int i = 0; i < 10; i++) {
            // 在同一方法体中，不允许与其他代码块中的
            // money 命名相同
            final int money = 15978;
            // ...
        }
    }
}
class Son extends ConfusingName {
    // 不允许与父类的成员变量名称相同
    public int stock;
}
```

⑫ 【强制】杜绝完全不规范的缩写，避免望文不知义。

　反例：AbstractClass "缩写" 成 AbsClass，condition "缩写" 成 condi，Function "缩写" 成 Fu，此类随意缩写严重降低了代码的可读性。

⑬ 【推荐】为了实现代码自解释的目标，在命名任何自定义编程元素时，都尽量使用完整的单词组合来表达。

　正例：在 JDK 中，对某个对象引用的 volatile 字段进行原子更新的类名为 AtomicReferenceFieldUpdater。

　反例：常见的方法内变量为 int a; 的定义方式。

14 【推荐】在命名常量与变量时，表示类型的名词放在词尾，以提升辨识度。

正例：startTime / workQueue / nameList

反例：startedAt / QueueOfWork / listName

15 【推荐】如果模块、接口、类和方法使用了设计模式，在命名时需体现出具体模式。

说明：将设计模式体现在名字中，有利于阅读者快速理解架构的设计理念。

正例：

```
public class OrderFactory;
public class LoginProxy;
public class ResourceObserver;
```

16 【推荐】接口类中的方法和属性不要加任何修饰符号（public 也不要加），保持代码的简捷性，并加上有效的 Javadoc 注释。尽量不要在接口里定义变量，如果一定要定义变量，确定与接口方法相关，并且是整个应用的基础常量。

正例：接口方法签名 void commit();

接口基础常量 String COMPANY = "alibaba";

反例：接口方法定义 public abstract void f();

说明：JDK 8 中接口允许有默认实现，那么这个 default 方法，是对所有实现类都有价值的默认实现。

17 接口和实现类的命名有两套规则。

1）【强制】对于 Service 和 DAO 类，基于 SOA 的理念，暴露出来的服务一定是接口，内部的实现类用 Impl 的后缀与接口区别。

正例：CacheServiceImpl 实现 CacheService 接口。

2）【推荐】如果是形容能力的接口名称，取对应的形容词为接口名（通常是 -able 的形容词）。

正例：AbstractTranslator 实现 Translatable 接口。

18【参考】枚举类名带上 Enum 后缀，枚举成员名称需要全部大写，单词间用下画线隔开。

说明：枚举其实就是特殊的常量类，且构造方法被默认强制为私有。

正例：枚举名字为 ProcessStatusEnum 的成员名称为 SUCCESS / UNKNOWN_REASON。

19【参考】各层命名规约：

1）Service/DAO 层方法命名规约如下。

- 获取单个对象的方法用 get 作为前缀。
- 获取多个对象的方法用 list 作为前缀，复数结尾，如 listObjects。
- 获取统计值的方法用 count 作为前缀。
- 插入的方法用 save/insert 作为前缀。
- 删除的方法用 remove/delete 作为前缀。

- 修改的方法用 update 作为前缀。

2）领域模型命名规约如下。

- 数据对象：xxxDO，xxx 即数据表名。
- 数据传输对象：xxxDTO，xxx 为业务领域相关的名称。
- 展示对象：xxxVO，xxx 一般为网页名称。
- POJO 是 DO/DTO/BO/VO 的统称，禁止命名成 xxxPOJO。

1.2　常量定义

① 【强制】不允许任何魔法值（即未经预先定义的常量）直接出现在代码中。

反例：

```
// 本例中，开发者 A 定义了缓存的 key，开发者 B 使用缓存时少了下
// 画线，即 key 是"Id#taobao"+tradeId，导致出现故障
String key = "Id#taobao_" + tradeId;
cache.put(key, value);
```

② 【强制】在对 long 或者 Long 赋值时，数值后使用大写字母 L，不能用小写字母 l，小写字母 l 容易跟数字 1 混淆，造成误解。

说明：Long a = 2l；写的是数字的 21，还是 Long 型的 2？

③ 【推荐】不要使用一个常量类维护所有的常量，要按常量功能进行归类，分开维护。

说明：大而全的常量类杂乱无章，必须使用查找功能才能定位到要修改的常量，既不利于理解，也不利于维护。

正例：缓存相关常量放在类 CacheConsts 下；系统配置相关常量放在类 SystemConfigConsts 下。

④ 【推荐】常量的复用层次有五层：跨应用共享常量、应用内共享常量、子工程内共享常量、包内共享常量和类内共享常量。

1）跨应用共享常量：放置在二方库中，通常是在 client.jar

中的 constant 目录下。

2）应用内共享常量：放置在一方库中，通常是在子模块中的

constant 目录下。

反例：易懂变量也要统一定义成应用内共享常量，两位工程师在两个类中
分别定义了"是"的变量：

类 A 中：`public static final String YES = "yes";`

类 B 中：`public static final String YES = "y";`

`A.YES.equals(B.YES)`，预期是 `true`，但实际返回为 `false`，导致
线上出现问题。

3）子工程内部共享常量：即在当前子工程的 constant 目录下。

4）包内共享常量：即在当前包下单独的 constant 目录下。

5）类内共享常量：直接在类内部以 `private static final` 定义。

5 **【推荐】**如果变量值仅在一个固定范围内变化，则用 enum 类型
来定义。

> **说明**：如果存在名称之外的延伸属性，应使用 enum 类型，下面正例中的数
> 字就是延伸信息，表示一年中的第几个季节。

正例：

```
public enum SeasonEnum {
    SPRING(1), SUMMER(2), AUTUMN(3), WINTER(4);
    private int seq;
    SeasonEnum(int seq) {
        this.seq = seq;
    }
    public int getSeq() {
        return seq;
    }
```

1.3　代码格式

1　【强制】如果是大括号内为空，则简捷地写成 `{}` 即可，大括号中间无须换行和空格；如果是非空代码块，则：

1）左大括号前不换行；

2）左大括号后换行；

3）右大括号前换行；

4）右大括号后如果还有 `else` 等代码，则不换行；表示终止的右大括号后必须换行。

2　【强制】左小括号和右边相邻字符之间不出现空格；右小括号和左边相邻字符之间也不出现空格；而左大括号前需要加空格。详见本节第**5**条下方正例提示。

反例: `if (`空格`a == b`空格`)`

3　【强制】`if/for/while/switch/do` 等保留字与括号之间都必须加空格。

4　【强制】任何二目、三目运算符的左右两边都需要加一个空格。

说明: 运算符包括赋值运算符`=`、逻辑运算符`&&`、加减乘除符号等。

5　【强制】采用 4 个空格缩进，禁止使用 `Tab` 字符。

说明: 如果使用 `Tab` 缩进，必须设置 1 个 `Tab` 为 4 个空格。当 IDEA 设置 `Tab` 为 4 个空格时，请勿勾选 `Use tab character`；而在

> Eclipse 中，必须勾选 insert spaces for tabs。

正例：（涉及 ❶~❺ 点）

```java
public static void main(String[] args) {
    // 缩进 4 个空格
    String say = "hello";
    // 运算符的左右必须有 1 个空格
    int flag = 0;
    // if 与括号之间必须有 1 个空格
    // 括号内的 f 与左括号，0 与右括号不需要空格
    if (flag == 0) {
        System.out.println(say);
    }
    // 左大括号前加空格且不换行；左大括号后换行
    if (flag == 1) {
        System.out.println("world");
        // 右大括号前换行。若右大括号后有 else，则不用换行
    } else {
        System.out.println("ok");
        // 在右大括号后直接结束，则必须换行
    }
}
```

❻ 【强制】注释的双斜线与注释内容之间有且仅有一个空格。

正例：

```java
// 这是示例注释，请注意在双斜线之后有一个空格
String commentString = new String();
```

7 【强制】在进行类型强制转换时，右括号与被强制转换的值之间
不需要任何空格隔开。

正例：

```
double first = 3.14d;
int second = (int)first + 2;
```

8 【强制】单行字符数限制不超过 120 个，超出需要换行，换行
时遵循如下原则：

1）第二行相对第一行缩进 4 个空格，从第三行开始，不再继续
缩进，参考示例；

2）运算符与下文一起换行；

3）方法调用的点符号与下文一起换行；

4）方法调用中的多个参数需要换行时，在逗号后进行；

5）在括号前不要换行，见反例。

正例：

```
StringBuilder sb = new StringBuilder();
// 在超过 120 个字符的情况下，换行缩进 4 个空格
// 方法前的点号一起换行
sb.append("yu").append("wen")...
    .append("han")...
    .append("han")...
    .append("han");
```

反例：

```
StringBuilder sb = new StringBuilder();
// 在超过 120 个字符的情况下，不要在括号前换行
```

```
sb.append("you").append("are")...append
    ("lucky");
// 参数很多的方法调用可能超过 120 个字符逗号后才是换行处
method(args1, args2, args3, ...
    , argsX);
```

9 【强制】在定义和传入方法参数时，多个参数逗号后面必须加空格。

正例：下例中实参的 args1 的逗号后边必须要有一个空格。

```
method(args1, args2, args3);
```

10 【强制】IDE 的 text file encoding 设置为 UTF-8；IDE 中文件的换行符使用 UNIX 格式，不要使用 Windows 格式。

11 【推荐】单个方法的总行数不超过 80。

说明：除注释外的方法签名、左右大括号、方法内代码、空行、回车及任何不可见字符的总行数不超过 80。

正例：代码逻辑分清红花和绿叶、个性和共性，绿叶逻辑单独出来成为额外方法，使主干代码更加清晰；共性逻辑抽取成为共性方法，便于复用和维护。

12 【推荐】没有必要增加若干空格使变量的赋值等号与上一行对应位置的等号对齐。

正例：

```
int one = 1;
long two = 2L;
float three = 3f;
```

```
StringBuilder four = new StringBuilder();
```

说明：增加 four 这个变量，如果需要对齐，则要给 one、two、three
　　　　增加几个空格，在变量比较多的情况下，是一件累赘的事情。

13 【推荐】在不同逻辑、不同语义、不同业务的代码之间插入一个
空行，分隔开来以提升可读性。

说明：在任何情形下，都没有必要插入多个空行进行分隔。

1.4 OOP 规约

1 【强制】避免通过一个类的对象引用访问此类的静态变量或静态方法，造成编译器解析成本无谓增加，直接用类名访问即可。

2 【强制】所有的覆写方法都必须加@Override 注解。

> 说明：getObject()与 getObject()的问题。一个是字母的 O，一个是数字的 0，加@Override 注解可以准确判断是否覆盖成功。另外，如果在抽象类中对方法签名进行修改，其实现类会马上编译报错。

3 【强制】只有相同参数类型、相同业务含义，才可以使用 Java 的可变参数，避免使用 Object。

> 说明：可变参数必须放置在参数列表的最后（建议工程师尽量不用可变参数编程）。

> 正例：public List<User> listUsers(String type, Long... ids) {...}

4 【强制】对外部正在调用或者二方库依赖的接口，不允许修改方法签名，避免对接口调用方产生影响。若接口过时，则必须加@Deprecated 注解，并清晰地说明采用的新接口或者新服务是什么。

5 【强制】不能使用过时的类或方法。

> 说明：java.net.URLDecoder 中的方法 decode(StringencodeStr)

已经过时，应该使用双参数 decode (String source, String encode)。接口提供方既然明确是过时接口，那么有义务同时提供新的接口；作为调用方，有义务考证过时方法的新实现是什么。

6 【强制】Object 的 equals 方法容易抛空指针异常，应使用常量或确定有值的对象调用 equals。

正例: "test".equals(object);

反例: object.equals("test");

说明: 推荐使用 JDK 7 引入的工具类 java.util.Objects#equals (Object a, Object b)。

7 【强制】所有整型包装类对象之间值的比较，全部使用 equals 方法。

说明: 对于 Integer var =某个数字，如果在-128~127 范围内的赋值，Integer 对象是在 IntegerCache.cache 产生的，会复用已有对象。虽然这个区间内的 Integer 值可以直接使用==判断，但是这个区间之外的所有数据都会在堆上产生，并不会复用已有对象，推荐使用 equals 方法判断。

8 【强制】对于任何货币金额，均以最小货币单位且整型类型存储。

9 【强制】浮点数之间的等值判断，基本数据类型不能用==进行比较，包装数据类型不能用 equals 方法判断。

说明: 浮点数采用"尾数+阶码"的编码方式，类似于科学计数法的"有效数字+指数"的表示方式。二进制无法精确表示大部分十进制小数，具体原理参考《码出高效：Java 开发手册》。

反例：

```
float a = 1.0f - 0.9f;
float b = 0.9f - 0.8f;

if (a == b) {
    // 预期进入此代码块，执行其他业务逻辑
    // 但事实上a==b的结果为 false
}

Float x = Float.valueOf(a);
Float y = Float.valueOf(b);
if (x.equals(y)) {
    // 预期进入此代码块，执行其他业务逻辑
    // 但事实上equalsx.equals(y)的结果为 false
}
```

正例：

1）指定一个误差范围，若两个浮点数的差值在此范围之内，则认为是相等的。

```
float a = 1.0f - 0.9f;
float b = 0.9f - 0.8f;
// 10 的-6 次方
float diff = 1e-6f;

if (Math.abs(a - b) < diff) {
    System.out.println("true");
}
```

2）使用 BigDecimal 定义值，再进行浮点数的运算操作。

```
BigDecimal a = new BigDecimal("1.0");
BigDecimal b = new BigDecimal("0.9");
BigDecimal c = new BigDecimal("0.8");

BigDecimal x = a.subtract(b);
BigDecimal y = b.subtract(c);
/**
 * BigDecimal 的等值比较应使用 compareTo()方法，而不是 equals()方法。
 * 说明：equals()方法会比较值和精度（1.0 与 1.00 返回结果为 false），
 * 而 compareTo()则会忽略精度。
 **/
if (x.compareTo(y) == 0) {
    System.out.println("true");
}
```

⑩【强制】当定义数据对象 DO 类时，属性类型要与数据库字段类型相匹配。

正例：数据库字段的 bigint 必须与类属性的 Long 类型相对应。

反例：数据库表 id 字段定义类型 bigint unsigned，实际类对象属性为 Integer。随着 id 越来越大，超过 Integer 的表示范围而溢出成为负数，此时数据库 id 不支持存入负数抛出异常。

⑪【强制】禁止使用构造方法 BigDecimal(double) 的方式把 double 值转化为 BigDecimal 对象。

说明：BigDecimal(double)存在精度损失风险，在精确计算或值比较

> 的场景中，可能会导致业务逻辑出现异常。如：BigDecimal g =
> new BigDecimal(0.1f); 实际的存储值为：
> 0.100000001490116119384765625。

正例：优先推荐入参为 String 的构造方法，或使用 BigDecimal 的
valueOf 方法。此方法内部其实执行了 Double 的 toString，
而 Double 的 toString 按 double 的实际能表达的精度对尾数
进行了截断。

```
BigDecimal good1 = new BigDecimal("0.1");
BigDecimal good2 = BigDecimal.valueOf(0.1);
```

⑫ 基本数据类型与包装数据类型的使用标准如下。

1）【强制】所有的 POJO 类属性都必须使用包装数据类型。

2）【强制】RPC 方法的返回值和参数必须使用包装数据类型。

3）【推荐】所有的局部变量都使用基本数据类型。

说明：POJO 类属性没有初值，是提醒使用者在需要使用时，必须自己显
式地进行赋值，任何 NPE 问题或者入库检查，都由使用者保证。

正例：数据库的查询结果可能是 null，因为自动拆箱，所以用基本数据
类型接收有 NPE 风险。

反例：某业务的交易报表上显示成交总额涨跌情况，即正负 x%，x 为基本数
据类型，调用的 RPC 服务在调用不成功时，返回的是默认值，页面显
示为 0%，这是不合理的，应该显示成中画线 "-"。所以，包装数据
类型的 null 值能够表示额外的信息，如：远程调用失败，异常退出。

⑬ 【强制】在定义 DO/DTO/VO 等 POJO 类时，不要设定任何属性
默认值。

反例：POJO 类的 createTime 默认值为 new Date()；但是这个属性
在数据提取时并没有置入具体值，在更新其他字段时又附带更新了
此字段，导致创建时间被修改成当前时间。

14 【强制】序列化类新增属性时，请不要修改 serialVersionUID
字段，避免反序列失败；如果完全不兼容升级，那么为避免反序
列化混乱，请修改 serialVersionUID 值。

说明：注意 serialVersionUID 不一致会抛出序列化运行时异常。

15 【强制】构造方法里面禁止加入任何业务逻辑，如果有初始化逻
辑，那么请放在 init 方法中。

16 【强制】POJO 类必须写 toString 方法。当使用 IDE 中的工具
source> generate toString 时，如果继承了另一个 POJO
类，那么注意在前面加 super.toString。

说明：在方法执行抛出异常时，可以直接调用 POJO 的 toString() 方法
打印其属性值，便于排查问题。

17 【强制】禁止在 POJO 类中同时存在对应属性 xxx 的 isXxx()
和 getXxx() 方法。

说明：框架在调用属性 xxx 的提取方法时，并不能确定哪种方法一定是被
优先调用的。

18 【推荐】当使用索引访问用 String 的 split 方法得到的数组
时，需在最后一个分隔符后做有无内容的检查，否则会有抛出
IndexOutOfBoundsException 的风险。

> **说明：**
>
> ```
> String str = "a,b,c,,";
> String[] ary = str.split(",");
> // 预期大于 3，结果是 3
> System.out.println(ary.length);
> ```

19　【推荐】当一个类有多个构造方法，或者多个同名方法时，这些方法应该按顺序放置在一起，便于阅读，此条规则优先于第**20**条规则。

20　【推荐】类内方法定义的顺序依次是：公有方法或保护方法 > 私有方法 > getter / setter 方法。

> **说明：** 公有方法是类的调用者和维护者最关心的方法，首屏展示最好；保护方法虽然只是子类关心，也可能是"模板设计模式"下的核心方法；而私有方法外部一般不需要特别关心，是一个黑盒实现；因为承载的信息价值较低，所有 Service 和 DAO 的 getter/setter 方法都放在类体的最后。

21　【推荐】在 setter 方法中，参数名称与类成员变量名称一致，this.成员名 = 参数名。在 getter/setter 方法中，不要增加业务逻辑，否则会增加排查问题的难度。

反例：

```
public Integer getData () {
    if (condition) {
        return this.data + 100;
    } else {
```

```
        return this.data - 100;
    }
}
```

22 【推荐】在循环体内，字符串的连接方式使用 `StringBuilder` 的 `append` 方法扩展。

> **说明**：下例中，反编译出的字节码文件显示每次循环都会 `new` 出一个 `StringBuilder` 对象，然后进行 `append` 操作，最后通过 `toString` 方法返回 `String` 对象，造成内存资源浪费。

反例：

```
String str = "start";
for (int i = 0; i < 100; i++) {
    str = str + "hello";
}
```

23 【推荐】`final` 可以声明类、成员变量、方法及本地变量，下列情况使用 `final` 关键字。

1）不允许被继承的类，如：`String` 类。

2）不允许修改引用的域对象，如：`POJO` 类的域变量。

3）不允许被覆写的方法，如：`POJO` 类的 `setter` 方法。

4）不允许在运行过程中给局部变量重新赋值。

5）避免上下文重复使用一个变量，使用 `final` 描述可以强制重新定义一个变量，方便更好地重构。

24 【推荐】慎用 `Object` 的 `clone` 方法拷贝对象。

> **说明**：对象的 `clone` 方法默认是浅拷贝，若想实现深拷贝，需要覆写

clone 方法来实现域对象的深度遍历式拷贝。

【推荐】类成员与方法访问控制从严。

1）如果不允许外部直接通过 new 创建对象，则构造方法限制为 private。

2）工具类不允许有 public 或 default 构造方法。

3）类非 static 成员变量并且与子类共享，必须限制为 protected。

4）类非 static 成员变量并且仅在本类使用，必须限制为 private。

5）类 static 成员变量如果仅在本类使用，必须限制为 private。

6）若是 static 成员变量，则考虑是否为 final。

7）类成员方法只供类内部调用，必须限制为 private。

8）类成员方法只对继承类公开，限制为 protected。

说明：任何类、方法、参数、变量，都严控访问范围。过于宽泛的访问范围不利于模块解耦。思考：如果是一个 private 的方法，那么想删除就删除，可如果是一个 public 的 service 方法或者一个 public 的成员变量，那么删除时手心不得冒点汗吗？变量像自己的小孩儿，尽量让它在自己的视线内。变量作用域太大，如果任其无限制地到处跑，你会担心的。

1.5　日期时间

1 【强制】在日期格式化时，传入 `pattern` 中表示年份统一使用小写的 `y`。

> **说明**：在日期格式化时，`yyyy` 表示当天所在的年，大写的 `YYYY` 表示 week in which year（JDK 7 之后引入的概念），意思是当天所在的周属于的年份。一周从周日开始，周六结束，只要本周跨年，返回的 `YYYY` 就是下一年。

正例：表示日期和时间的格式如下所示：

```
new SimpleDateFormat("yyyy-MM-dd HH:mm:ss")
```

2 【强制】在日期格式中，分清楚大写的 `M` 和小写的 `m`、大写的 `H` 和小写的 `h` 分别代表的意义。

> **说明**：日期格式中的这两对字母表意如下：
> 1）表示月份，用大写的 `M`；
> 2）表示分钟，用小写的 `m`；
> 3）表示 24 小时制，用大写的 `H`；
> 4）表示 12 小时制，用小写的 `h`。

3 【强制】获取当前毫秒数：是 `System.currentTimeMillis()`；而不是 `new Date().getTime()`。

> **说明**：如果想获取更加精确的纳秒级时间值，则使用 `System.nanoTime` 的方式。在 JDK 8 中，针对统计时间等场景，推荐使用 `Instant` 类。

④ 【强制】不允许在程序的任何地方使用：

1）java.sql.Date；

2）java.sql.Time；

3）java.sql.Timestamp。

> **说明**：第 1 个不记录时间，getHours() 抛出异常；第 2 个不记录日期，getYear() 抛出异常；第 3 个在构造方法 super((time/1000) * 1000) 时，在 Timestamp 属性 fastTime 和 nanos 中分别存储秒和纳秒信息。

反例：在使用 java.util.Date.after(Date) 进行时间比较时，当入参是 java.sql.Timestamp 时，会触发 JDK BUG(JDK 9 已修复)，在比较时可能导致意外结果。

⑤ 【强制】不要在程序中写死一年为 365 天，避免在闰年时出现日期转换错误或程序逻辑错误。

正例：

```
// 获取今年的天数
int days = LocalDate.now().lengthOfYear();

// 获取指定某年的天数
LocalDate.of(2011, 1, 1).lengthOfYear();
```

反例：

```
// 第一种情况：在闰年（366 天）时，出现数组越界异常
int[] dayArray = new int[365];
```

```
// 第二种情况：一年有效期的会员制，今年 1 月 26 日注册，硬编码
// 一年为 365 天，返回的却是 1 月 25 日
Calendar calendar = Calendar.getInstance();
calendar.set(2020, 0, 26);
calendar.add(Calendar.DATE, 365);
```

6 【推荐】避免出现闰年 2 月问题。闰年的 2 月有 29 天，一年后的那一天不可能是 2 月 29 日。

7 【推荐】使用枚举值指代月份。如果使用数字，则注意 Date、Calendar 等日期相关类的月份（month）取值在 0~11 之间。

> **说明**：参考 JDK 原生注释，Month value is 0-based.
>
> e.g. 0 for January.

正例：用 Calendar.JANUARY、Calendar.FEBRUARY、Calendar. MARCH 等指代相应月份，进行传参或比较。

1.6　集合处理

①【强制】关于 hashCode 和 equals 的处理，遵循如下规则。

1）只要覆写 equals，就必须覆写 hashCode。

2）因为 Set 存储的是不重复的对象，所以依据 hashCode 和 equals 进行判断，Set 存储的对象必须覆写这两种方法。

3）如果自定义对象作为 Map 的键，那么必须覆写 hashCode 和 equals。

> **说明**：String 因为覆写了 hashCode 和 equals 方法，所以可以愉快地将 String 对象作为 key 使用。

②【强制】判断所有集合内部的元素是否为空，应使用 isEmpty() 方法，而不是使用 size()==0 的方式。

> **说明**：在某些集合中，前者的时间复杂度为 $O(1)$，而且可读性更好。

正例：

```
Map<String, Object> map = new HashMap<>(16);
if (map.isEmpty()) {
    System.out.println("no element in this map.");
}
```

③【强制】在使用 java.util.stream.Collectors 类的 toMap() 方法转为 Map 集合时，一定要使用含有参数类型为 BinaryOperator、参数名为 mergeFunction 的方法，否则当出现相同 key 值时，会抛出 IllegalStateException

异常。

> **说明**：参数 mergeFunction 的作用是当出现 key 重复时，自定义对 value 的处理策略。

正例：

```
List<Pair<String, Double>> pairArrayList
    = new ArrayList<>(3);
pairArrayList.add(new Pair<>("version", 6.19));
pairArrayList.add(new Pair<>("version", 10.24));
pairArrayList.add(new Pair<>("version", 13.14));
// 在生成的 Map 集合中，只有一个键值对：{version=13.14}
Map<String, Double> map
    = pairArrayList.stream().collect(
Collectors.toMap(Pair::getKey, Pair::getValue,
    (v1, v2) -> v2));
```

反例：

```
String[] words = new String[] {"W", "W", "X"};
// 抛出 IllegalStateException 异常
Map<Integer, String> map = Arrays.stream(words)
    .collect(Collectors.toMap(String::hashCode, v -> v));
```

4 【强制】在使用 java.util.stream.Collectors 类的 toMap()方法转为 Map 集合时，一定要注意当 value 为 null 时，会抛出 NPE 异常。

> **说明**：在 java.util.HashMap 的 merge 方法中，会进行如下判断：

```
if (value == null || remappingFunction == null)
```

```
    throw new NullPointerException();
```

反例：

```
List<Pair<String, Double>> pairArrayList
    = new ArrayList<>(2);
pairArrayList.add(new Pair<>("version1", 4.22));
pairArrayList.add(new Pair<>("version2", null));
Map<String, Double> map
    = pairArrayList.stream().collect(
// 抛出 NullPointerException 异常
Collectors.toMap(Pair::getKey, Pair::getValue,
    (v1, v2) -> v2));
```

❺【强制】ArrayList 的 subList 结果不可强转成 ArrayList，否则
会抛出 ClassCastException 异常，即 java.util.
RandomAccessSubList cannot be cast to java.util. ArrayList。

> 说明：subList() 返回的是 ArrayList 的内部类 SubList，并不是
> ArrayList 本身，而是 ArrayList 的一个视图，对于 SubList
> 的所有操作最终会反映到原列表上。

❻【强制】使用 Map 的方法 keySet()/values()/entrySet()
返回集合对象时，不可以对其添加元素，否则会抛出
UnsupportedOperationException 异常。

❼【强制】Collections 类返回的对象，如：emptyList()/
singletonList() 等都是 immutable list，不可对其添加
或者删除元素。

反例：如果查询无结果，返回 Collections.emptyList() 空集合对象，调用方一旦进行了添加元素的操作，就会触发 UnsupportedOperationException 异常。

8　【强制】在 subList 场景中，高度注意对父集合元素的增加或删除，它们均会导致子列表的遍历、增加、删除产生 ConcurrentModificationException 异常。

9　【强制】使用集合转数组的方法，必须使用集合的 toArray(T[] array)，传入的是类型完全一致、长度为 0 的空数组。

反例：直接使用 toArray 无参方法存在问题，此方法返回值只能是 Object[] 类，若强转成其他类型数组，将出现 ClassCastException 错误。

正例：

```
List<String> list = new ArrayList<>(2);
list.add("guan");
list.add("bao");
String[] array = list.toArray(new String[0]);
```

说明：使用 toArray 带参方法，数组空间大小的 length：

1）等于 0，动态创建与 size 相同的数组，性能最好；

2）大于 0 但小于 size，重新创建大小等于 size 的数组，增加 GC 负担；

3）等于 size，在高并发情况下，在数组创建完成之后，size 正在变大的情况下，负面影响与第 2 条相同；

4）大于 size，空间浪费，且在 size 处插入 null 值，存在 NPE 隐患。

10 【强制】在使用 Collection 接口任何实现类的 addAll() 方法时，都要对输入的集合参数进行 NPE 判断。

> 说明：ArrayList#addAll 方法的第一行代码即 Object[] a = c.toArray();，其中，c 为输入集合参数，如果为 null，则直接抛出异常。

11 【强制】当使用工具类 Arrays.asList() 把数组转换成集合时，不能使用其修改集合相关的方法，它的 add/remove/clear 方法会抛出 UnsupportedOperationException 异常。

> 说明：asList 的返回对象是一个 Arrays 内部类，并没有实现集合的修改方法。Arrays.asList 体现的是适配器模式，只是转换接口，后台的数据仍是数组。

```
String[] str = new String[] { "yang", "hao" };
List list = Arrays.asList(str);
```

> 第一种情况：list.add("yangguanbao"); 运行时异常。
> 第二种情况：str[0] = "changed"; 也会随之修改，反之亦然。

12 【强制】泛型通配符<? extends T>用来接收返回的数据，此写法的泛型集合不能使用 add 方法，而<? super T>不能使用 get 方法，因为两者在接口调用赋值的场景中容易出错。

> 说明：扩展介绍一下 PECS（Producer Extends Consumer Super）原则：第一，频繁往外读取内容的，适合用<? extends T>；第二，经常往里插入的，适合用<? super T>。

⑬ 【强制】在无泛型限制定义的集合赋值给泛型限制的集合中，当使用集合元素时，需要进行 instanceof 判断，避免抛出 ClassCastException 异常。

说明：毕竟泛型是在 JDK 5 后才出现的，考虑到向前兼容，编译器允许非泛型集合与泛型集合互相赋值。

反例：

```
List<String> generics = null;
List notGenerics = new ArrayList(10);
notGenerics.add(new Object());
notGenerics.add(new Integer(1));
generics = notGenerics;
// 此处抛出 ClassCastException 异常
String string = generics.get(0);
```

⑭ 【强制】不要在 foreach 循环中对元素进行 remove/add 操作。当进行 remove 操作时，请使用 Iterator 方式。如果是并发操作，需要对 Iterator 对象加锁。

正例：

```
List<String> list = new ArrayList<>();
list.add("1");
list.add("2");
Iterator<String> iterator = list.iterator();
while (iterator.hasNext()) {
    String item = iterator.next();
    if (删除元素的条件) {
```

```
        iterator.remove();
    }
}
```

反例：

```
for (String item : list) {
    if ("1".equals(item)) {
        list.remove(item);
    }
}
```

> **说明**：执行结果肯定会出乎大家的意料，试一下把"1"换成"2"，会是同样的结果吗？

⑮ 【强制】在 JDK 7 及以上版本中，Comparator 实现类要满足三个条件，否则 Arrays.sort、Collections.sort 会抛 IllegalArgumentException 异常。

> **说明**：三个条件如下：
>
> 1）x，y 的比较结果和 y，x 的比较结果相反。
>
> 2）若 x>y，y>z，则 x>z。
>
> 3）若 x=y，则 x，z 的比较结果和 y，z 的比较结果相同。

反例：下例中没有处理相等的情况，交换两个对象判断结果并不互反，不符合第一个条件，在实际使用中可能会出现异常。

```
new Comparator<Student>() {
    @Override
    public int compare(Student o1, Student o2) {
        return o1.getId() > o2.getId() ? 1 : -1;
```

```
        }
    };
```

16　【推荐】当使用泛型集合定义时，在 JDK 7 及以上版本中，使
用 diamond 语法或全省略。

> **说明**：菱形泛型即 diamond，直接使用<>指代前边已经指定的类型。

正例：

```
// diamond方式，即<>
Map<String, String> userCache = new HashMap<>(16);
// 全省略方式
List<User> users = new ArrayList(10);
```

17　【推荐】当集合初始化时，指定集合初始值大小。

> **说明**：HashMap 使用 HashMap(int initialCapacity)初始化，如
> 果暂时无法确定集合大小，那么指定默认值（16）即可。

正例：initialCapacity = (需要存储的元素个数/负载因子) + 1。
注意负载因子（即 loader factor）默认为 0.75，如果暂时无
法确定初始值大小，则设置为 16（即默认值）。

反例：HashMap 需要放置 1024 个元素，由于没有设置容量初始大小，
则随着元素的增加而被迫不断扩容，resize()方法一共会调用 8
次，反复重建哈希表和数据迁移。当放置的集合元素规模达千万级
时，会影响程序性能。

18 【推荐】使用 entrySet 遍历 Map 类集合 K/V，而不是用 keySet 方式遍历。

> **说明**：keySet 方式其实遍历了两次，一次是转为 Iterator 对象，另一次是从 hashMap 中取出 Key 所对应的 Value。而 entrySet 只遍历了一次就把 Key 和 Value 都放到了 entry 中，效率更高。如果是 JDK 8，则使用 Map.forEach 方法。

正例：values() 返回的是 V 值集合，是一个 list 集合对象；keySet() 返回的是 K 值集合，是一个 Set 集合对象；entrySet() 返回的是 K-V 值组合集合。

19 【推荐】高度注意 Map 类集合 K/V 能否存储 null 值，如表 1-1 所示。

表 1-1　Map 类集合 K/V 存储

集 合 类	Key	Value	Super	说　　明
Hashtable	不允许为 null	不允许为 null	Dictionary	线程安全
Concurrent HashMap	不允许为 null	不允许为 null	AbstractMap	锁分段技术（JDK8:CAS）
TreeMap	不允许为 null	允许为 null	AbstractMap	线程不安全
HashMap	允许为 null	允许为 null	AbstractMap	线程不安全

反例：由于 HashMap 的干扰，很多人认为 ConcurrentHashMap 可以置入 null 值，而事实上，在存储 null 值时，会抛出 NPE 异常。

20 【参考】合理利用好集合的有序性(sort)和稳定性(order)，避免集合的无序性(unsort)和不稳定性(unorder)带来的负面影响。

> **说明**：有序性指遍历的结果按某种比较规则依次排列。稳定性指集合每次遍历的元素次序是一定的。如：ArrayList 是 order/unsort；HashMap 是 unorder/unsort；TreeSet 是 order/sort。

21 【参考】利用 Set 元素唯一的特性，可以快速对一个集合进行去重操作，避免使用 List 的 contains()进行遍历、去重或者判断包含操作。

1.7 并发处理

① 【强制】获取单例对象需要保证线程安全，其中的方法也要保证线程安全。

> **说明**：资源驱动类、工具类、单例工厂类都需要注意。

② 【强制】当创建线程或线程池时，请指定有意义的线程名称，出错时方便回溯。

正例：自定义线程工厂，并且根据外部特征进行分组，比如来自同一机房的调用，把机房编号赋值给 whatFeaturOfGroup。

```java
public class UserFactory implements ThreadFactory {
    private final String namePrefix;
    private final AtomicInteger nextId
        = new AtomicInteger(1);

    // 定义线程组名称，在 jstack 排查问题时，非常有帮助
    UserFactory(String whatFeaturOfGroup) {
        namePrefix = "From UserFactory's "
            + whatFeaturOfGroup + "-Worker-";
    }

    @Override
    public Thread newThread(Runnable task) {
        String name = namePrefix + nextId
            .getAndIncrement();
```

```
Thread thread = new Thread(null, task, name,
    0, false);
System.out.println(thread.getName());
    return thread;
    }
}
```

❸ 【强制】线程资源必须通过线程池提供，不允许在应用中自行显式创建线程。

> 说明：使用线程池的好处是减少在创建和销毁线程上消耗的时间及系统资源，解决资源不足的问题。如果不使用线程池，则有可能造成系统创建大量同类线程而导致消耗完内存或者"过度切换"的问题。

❹ 【强制】线程池不允许使用 Executors 创建，而是通过 ThreadPoolExecutor 的方式创建，这样的处理方式能让编写代码的工程师更加明确线程池的运行规则，规避资源耗尽的风险。

> 说明：Executors 返回的线程池对象的弊端如下：
>
> 1）FixedThreadPool 和 SingleThreadPool：允许的请求队列长度为 Integer.MAX_VALUE，可能会堆积大量的请求，从而导致 OOM。
>
> 2）CachedThreadPool：允许创建的线程数量为 Integer.MAX_VALUE，可能会创建大量的线程，从而导致 OOM。

⑤ 【强制】SimpleDateFormat 是线程不安全的类，一般不要定
义为 static 变量，如果定义为 static，则必须加锁，或者使
用 DateUtils 工具类。

正例：注意线程安全，使用 DateUtils。或推荐如下处理：

```
private static final ThreadLocal<DateFormat> df
    = new ThreadLocal<DateFormat>() {
    @Override
    protected DateFormat initialValue() {
        return new SimpleDateFormat("yyyy-MM-dd");
    }
};
```

说明：如果是 JDK 8 的应用，可以使用 Instant 代替 Date，
LocalDateTime 代替 Calendar，DateTimeFormatter 代替
SimpleDateFormat。官方给出的解释：simple beautiful
strong immutable thread-safe。

⑥ 【强制】必须回收自定义的 ThreadLocal 变量，尤其在线程池
场景下，线程经常会被复用，如果不清理自定义的
ThreadLocal 变量，则可能会影响后续业务逻辑和造成内存泄
露等问题。尽量在代理中使用 try-finally 块回收。

正例：

```
objectThreadLocal.set(userInfo);
try {
    // 此处省去 n 行代码
} finally {
```

```
        objectThreadLocal.remove();
    }
```

7 【强制】在高并发场景中，同步调用应该考量锁的性能损耗。能用无锁数据结构，就不要用锁；能锁区块，就不要锁整个方法体；能用对象锁，就不要用类锁。

> **说明**：使加锁的代码块工作量尽可能的小，避免在锁代码块中调用 RPC 方法。

8 【强制】在对多个资源、数据库表、对象同时加锁时，需要保持一致的加锁顺序，否则可能会造成死锁。

> **说明**：如果线程一需要对表 A、B、C 依次全部加锁后才可以进行更新操作，那么线程二的加锁顺序也必须是 A、B、C，否则可能出现死锁。

9 【强制】在使用阻塞等待获取锁的方式中，必须在 try 代码块之外，并且在加锁方法与 try 代码块之间没有任何可能抛出异常的方法调用，避免加锁成功后，在 finally 中无法解锁。

> **说明一**：如果在 lock 方法与 try 代码块之间的方法调用抛出异常，那么无法解锁，造成其他线程无法成功获取锁。
>
> **说明二**：如果 lock 方法在 try 代码块之内，可能由于其他方法抛出异常，导致在 finally 代码块中，unlock 对未加锁的对象尝试解锁，它会调用 AQS 的 try Release 方法（取决于具体实现类），抛出 Illegal MonitorStateException 异常。
>
> **说明三**：在 Lock 对象的 lock 方法实现中，可能抛出 unchecked 异常，产生的后果与说明二相同。

正例：

```
Lock lock = new XxxLock();
// 此处省去 n 行代码
lock.lock();
try {
    doSomething();
    doOthers();
} finally {
    lock.unlock();
}
```

反例：

```
Lock lock = new XxxLock();
// 此处省去 n 行代码
try {
    // 如果此处抛出异常，则直接执行 finally 代码块
    doSomething();
    // 无论加锁是否成功，finally 代码块都会执行
    lock.lock();
    doOthers();
} finally {
    lock.unlock();
}
```

10 【强制】在使用尝试机制获取锁的方式中，进入业务代码块之前，必须先判断当前线程是否持有锁。锁的释放规则与锁的阻塞等待方式相同。

说明：在执行 Lock 对象的 unlock 方法时，它会调用 AQS 的 tryRelease

> 方法（取决于具体实现类），如果当前线程不持有锁，则抛出
> IllegalMonitorState Exception 异常。

正例：

```
Lock lock = new XxxLock();
// 此处省去 n 行代码
boolean isLocked = lock.tryLock();
if (isLocked) {
    try {
        doSomething();
        doOthers();
    } finally {
        lock.unlock();
    }
}
```

11 【强制】在并发修改同一记录时，为避免更新丢失，需要加锁。
要么在应用层加锁，要么在缓存层加锁，要么在数据库层使用乐
观锁，使用 version 作为更新依据。

> 说明：如果每次访问冲突概率小于20%，则推荐使用乐观锁，否则使用悲
> 观锁。乐观锁的重试次数不得小于 3 次。

12 【强制】对于多线程并行处理定时任务的情况，当 Timer 运行
多个 TimeTask 时，只要其中之一没有捕获抛出的异常，其他任
务便会自动终止。如果使用 ScheduledExecutorService，
则没有这个问题。

⑬ 【推荐】与资金相关的金融敏感信息，使用悲观锁策略。

> 说明：乐观锁在获得锁的同时已经完成了更新操作，校验逻辑容易出现漏洞。另外，乐观锁对冲突的解决策略有较复杂的要求，处理不当容易造成系统压力或数据异常，所以与资金相关的金融敏感信息不建议使用乐观锁更新。

正例：悲观锁遵循"一锁二判三更新四释放"的原则

⑭ 【推荐】使用 CountDownLatch 进行异步转同步操作，每个线程在退出前必须调用 countDown 方法，线程执行代码注意 catch 异常，确保 countDown 方法被执行到，避免主线程无法执行至 await 方法，直到超时才返回结果。

> 说明：子线程抛出异常堆栈，不能在主线程 try-catch 到。

⑮ 【推荐】避免 Random 实例被多线程使用，虽然共享该实例是线程安全的，但会因竞争同一 seed 导致性能下降。

> 说明：Random 实例包括 java.util.Random 的实例或者 Math.random()的方式。

正例：在 JDK 7 之后，可以直接使用 API ThreadLocalRandom；而在 JDK 7 之前，需要编码保证每个线程持有一个单独的 Random 实例。

⑯ 【推荐】在并发场景下，通过双重检查锁（double-checked locking）存在延迟初始化的优化问题隐患（可参考 The "Double-Checked Locking is Broken" Declaration），推荐解决方案中较为简单的一种（适用于 JDK 5 及以上版本），

将目标属性声明为 volatile 型，比如将 helper 的属性声明
修改为 private volatile Helper helper = null;。

正例：

```
public class LazyInitDemo {
    private volatile Helper helper = null;
    public Helper getHelper() {
        if (helper == null) {
            synchronized (this) {
                if (helper == null) {
                    helper = new Helper();
                }
            }
        }
        return helper;
    }
    // other methods and fields...
}
```

⑰【参考】volatile 解决多线程内存不可见问题。对于一写多读，
可以解决变量同步问题；但是对于多写，同样无法解决线程安全
问题。

> 说明：如果是 count++ 操作，则使用如下类实现：AtomicInteger count
> ＝ new AtomicInteger(); count.addAndGet(1); 如果是
> JDK 8，则推荐使用 LongAdder 对象，比 AtomicLong 性能更好
> （减少乐观锁的重试次数）。

18 【参考】当容量不够 resize 时，由于高并发，HashMap 可能出现死链，导致 CPU 飙升，在开发过程中注意规避此风险。

19 【参考】ThreadLocal 对象使用 static 修饰，Thread Local 无法解决共享对象的更新问题。

> 说明：这个变量是针对一个线程内所有操作共享的，所以设置为静态变量，所有此类实例共享此静态变量，也就是说，在类第一次被使用时装载，只分配一块存储空间，所有此类的对象（只要是这个线程内定义的）都可以操控这个变量。

1.8　控制语句

1　【强制】在一个 switch 块内，每个 case 要么通过 continue/break/return 等终止，要么注释说明程序将继续执行到哪一个 case 为止。一个 switch 块内必须包含一个 default 语句并且放在最后，即使它什么代码也没有。

> **说明**：break 是退出 switch 语句块，而 return 是退出方法体。

2　【强制】当 switch 括号内的变量类型为 String 并且此变量为外部参数时，必须先进行 null 判断。

反例：如下的代码输出是什么？

```java
public class SwitchString {
    public static void main(String[] args) {
        method(null);
    }
    public static void method(String param) {
        switch (param) {
            // 肯定不是进入这里
            case "sth":
                System.out.println("it's sth");
                break;
            // 也不是进入这里
            case "null":
                System.out.println("it's null");
                break;
```

```
                    // 也不是进入这里
            default:
                    System.out.println("default");
        }
      }
    }
```

3 【强制】在 if/else/for/while/do 语句中，必须使用大括号。

> 说明：即使只有一行代码，也禁止不采用大括号的编码方式：
>
>   if(condition) statements;

4 【强制】在三目运算符 condition？表达式 1：表达式 2 中，注意表达式 1 和表达式 2 在类型对齐时，可能抛出自动拆箱导致的 NPE 异常。

> 说明：以下两种场景会触发类型对齐的拆箱操作：
>
> 1）表达式 1 或表达式 2 的值有一个是原始类型。
>
> 2）表达式 1 或表达式 2 的值的类型不一致，会强制拆箱升级成表示范围更大的那个类型。

反例：

```
public class SwitchString {
Integer a = 1;
Integer b = 2;
Integer c = null;
Boolean flag = false;
// 若 a*b 是 int 类型，那么 c 会强制拆箱成 int 类型，抛出 NPE
Integer result=(flag? a*b : c);
```

5 【强制】在高并发场景中，避免使用"等于"判断作为中断或退出的条件。

> 说明：如果没有处理好并发控制，容易产生等值判断被"击穿"的情况，使用大于或小于的区间判断条件来代替。

> 反例：当判断剩余奖品数量等于 0 时，终止发放奖品，但因为并发处理错误，导致奖品数量瞬间变成了负数，这样的话活动将无法终止。

6 【推荐】当某个方法的代码总行数超过 10 行时，return / throw 等中断逻辑的右大括号后均需要加一个空行。

> 说明：这样做逻辑清晰，有利于阅读代码时重点关注。

7 【推荐】表达异常的分支时，尽量少用 if-else 方式，这种方式可以改写成：

```
if (condition) {
    ...
    return obj;
}
// 接着写 else 的业务逻辑代码；
```

> 说明：如果不得不使用 if()...else if()...else...方式表达逻辑，那么为【强制】避免后续代码维护困难，请勿超过 3 层。

> 正例：超过 3 层的 if-else 的逻辑判断代码可以使用卫语句、策略模式、状态模式等实现，其中卫语句示例如下：
> ```
> public void findBoyfriend (Man man) {
>     if (man.isUgly()) {
> ```

```
            System.out.println("本姑娘是外貌协会的资深会员");
            return;
        }
        if (man.isPoor()) {
            System.out.println("贫贱夫妻百事哀");
            return;
        }
        if (man.isBadTemper()) {
            System.out.println("银河有多远，你就给我滚多远");
            return;
        }
        System.out.println("可以先交往一段时间");
    }
```

⑧ 【推荐】除常用方法（如 getXxx/isXxx）外，不要在条件判断中执行其他复杂的语句，将复杂逻辑判断的结果赋值给一个有意义的布尔变量名，以提高可读性。

> **说明**：很多 if 语句内的逻辑表达式相当复杂，与、或、取反混合运算，甚至各种方法纵深调用，理解成本非常高。如果赋值一个非常好理解的布尔变量名字，则是件令人赏心悦目的事情。

正例：

```
// 伪代码如下
final boolean existed = (file.open(file Name, "w")
    != null) && (...) || (...);
if (existed) {
    ...
}
```

反例：

```
public final void acquire (long arg) {
    if (!tryAcquire(arg) && acquireQueued(
        addWaiter(Node.EXCLUSIVE), arg)) {
            selfInterrupt();
        }
    }
}
```

⑨【推荐】不要在其他表达式（尤其是条件表达式）中插入赋值语句。

> **说明**：赋值点类似于人体的穴位，对于代码的理解至关重要，所以赋值语句需要清晰地单独成为一行。

反例：

```
public Lock getLock(boolean fair) {
    // 算术表达式中出现赋值操作，容易忽略 count 值已经被改变
    threshold = (count = Integer.MAX_VALUE) - 1;
    // 条件表达式中出现赋值操作，
    // 容易被误认为是 sync==fair 的条件判断
    return (sync = fair) ? new FairSync()
        : new NonfairSync();
}
```

⑩【推荐】循环体中的语句要考量性能，以下操作尽量移至循环体外处理，如定义对象、变量、获取数据库连接，进行不必要的 try-catch 操作（这个 try-catch 是否可以移至循环体外）。

11　【推荐】避免采用取反逻辑运算符。

> 说明：取反逻辑不利于快速理解，并且取反逻辑写法一般都存在对应的正向逻辑写法。

正例：使用 if (x < 628) 来表达 x 小于 628。

反例：使用 if (!(x >= 628)) 来表达 x 小于 628。

12　【推荐】公开接口需要进行入参保护，尤其是批量操作的接口。

> 反例：某业务系统，提供一个用户批量查询的接口，API 文档上有说最多查多少个，但接口实现上没做任何保护，导致调用方传了一个 1000 的用户 id 数组，查询信息后，内存爆满。

13　【参考】对于下列情形，需要进行参数校验。

1）调用频次低的方法。

2）执行时间开销很大的方法。在此情形中，参数校验时间几乎可以忽略不计，但如果因为参数错误导致中间执行回退，或者错误，是得不偿失的。

3）需要极高稳定性和可用性的方法。

4）对外提供的开放接口，不管是否为 RPC/API/HTTP 接口。

5）敏感权限入口。

14　【参考】下列情形，不需要进行参数校验。

1）极有可能被循环调用的方法。但在方法说明里必须注明外部参数检查。

2）底层调用频度比较高的方法。像纯净水过滤的最后一道，参数错误不太可能到底层才暴露问题。一般 DAO 层与 Service 层都在同一个应用中，部署在同一台服务器中，所以 DAO 的参数校验可以省略。

3）被声明成 private 且只会被自己代码所调用的方法，如果能够确定调用方法的代码传入参数已经做过检查或者肯定不会有问题，那么此时可以不校验参数。

1.9 注释规约

1 【强制】类、类属性、类方法的注释必须使用 Javadoc 规范，使用/**内容*/格式，不得使用// xxx 方式。

> **说明**：在 IDE 编辑窗口中，Javadoc 方式会提示相关注释，生成 Javadoc 可以正确输出相应注释；在 IDE 中，当工程调用方法时，不进入方法即可悬浮提示方法、参数、返回值的意义，提高阅读效率。

2 【强制】所有的抽象方法（包括接口中的方法）必须要用 Javadoc 注释，除了返回值、参数、异常说明，还必须指出该方法做什么事情，实现什么功能。

> **说明**：对子类的实现要求，或者调用注意事项，请一并说明。

3 【强制】所有的类都必须添加创建者和创建日期。

> **说明**：在设置模板时，注意 IDEA 的@author 为'${USER}',而 eclipse 的@author 为'${user}'，大小写有区别。日期的设置统一为 yyyy/MM/dd 的格式。

正例：

```
/*
 * @author yangguanbao
 * @date 2016/10/31
 */
```

④ 【强制】对于方法内部的单行注释，在被注释语句上方另起一行，使用 // 注释。对于方法内部的多行注释，使用 /* */ 注释，注意与代码对齐。

⑤ 【强制】所有的枚举类型字段必须要有注释，说明每个数据项的用途。

⑥ 【推荐】与其用"半吊子"英文注释，不如用中文注释把问题说清楚。专有名词与关键字保持英文原文即可。

　　反例：将"TCP 连接超时"解释成"传输控制协议连接超时"，理解起来反而费脑筋。

⑦ 【推荐】在修改代码的同时，要对注释进行相应的修改，尤其是参数、返回值、异常、核心逻辑等。

　　说明：代码与注释更新不同步，就像路网与导航软件更新不同步一样，如果导航软件严重滞后，就失去了导航的意义。

⑧ 【推荐】在类中删除未使用的任何字段、方法、内部类。在方法中删除未使用的任何参数声明与内部变量。

⑨ 【参考】谨慎注释掉代码。在上方详细说明，而不是简单地注释掉。如果无用，则删除。

　　说明：代码被注释掉有两种可能：
　　　　1）后续会恢复此段代码逻辑；
　　　　2）永久不用。

前者如果没有备注信息，则难以知晓注释动机。后者建议直接删除，假如需要查阅历史代码，登录代码仓库即可。

⑩ 【参考】对于注释的要求。

1）能够准确反映设计思想和代码逻辑。

2）能够描述业务含义，使其他程序员能够迅速了解到代码背后的信息。完全没有注释的大段代码对于阅读者形同天书，注释既是给自己看的，即使隔很长时间，也能清晰理解当时的思路；也是给继任者看的，使其能够快速接替自己的工作。

⑪ 【参考】好的命名、代码结构是自解释的，注释力求精简准确、表达到位。避免出现过多过滥的注释，代码的逻辑一旦修改，修改注释又是相当大的负担。

反例：

```
// put elephant into fridge
put(elephant, fridge);
```

说明：方法名 put，加上两个有意义的变量名 elephant 和 fridge，已经说明了这是在干什么，语义清晰的代码不需要额外的注释。

⑫ 【参考】特殊注释标记，请注明标记人与标记时间。注意及时处理这些标记，通过标记扫描，经常清理此类标记。有时候线上故障就来源于这些标记处的代码。

1）待办事宜（TODO）：（标记人，标记时间，[预计处理时间]）。表示需要实现，但目前还未实现的功能。这实际上是一个 Javadoc 的标签，虽然目前的 Javadoc 还没有实现，但已经被广泛使用。只能应用于类、接口和方法（因为它是一个

Javadoc 标签）。

2）错误，不能工作（FIXME）：（标记人，标记时间，[预计处
理时间]）。

在注释中用 FIXME 标记某代码是错误的，而且不能工作，需
要及时纠正的情况。

1.10　前后端规约

1 【强制】前后端交互的 API，需要明确协议、域名、路径、请求方法、请求内容、状态码和响应体。

> **说明：**
>
> 1）协议：生产环境必须使用 HTTPS。
>
> 2）路径：每一个 API 都需对应一个路径，表示 API 具体的请求地址。
>
> a）代表一种资源，只能为名词，推荐使用复数，不能为动词，请求方法已经表达动作意义。
>
> b）URL 路径不能使用大写，单词如果需要分隔，统一使用下画线。
>
> c）路径禁止携带表示请求内容类型的后缀，比如 ".json"，".xml"，通过 accept 头表达即可。
>
> 3）请求方法：对具体操作的定义，常见的请求方法如下。
>
> a）GET：从服务器取出资源。
>
> b）POST：在服务器新建一个资源。
>
> c）PUT：在服务器更新资源。
>
> d）DELETE：从服务器删除资源。
>
> 4）请求内容：URL 带的参数必须无敏感信息或符合安全要求；body 里带参数时必须设置 Content-Type。
>
> 5）响应体：响应体 body 可放置多种数据类型，由 Content-Type 头来确定。

❷【强制】前后端数据列表相关的接口返回，如果为空，则返回空数组[]或空集合{}。

> **说明**：此条约定有利于数据层面上的协作更加高效，减少前端很多琐碎的 null 判断。

❸【强制】当服务端发生错误时，返回给前端的响应信息必须包含 HTTP 状态码、errorCode、errorMessage 和用户提示信息四部分。

> **说明**：四部分的涉众对象分别是浏览器、前端开发、错误排查人员、用户。其中输出给用户的提示信息要求：简短清晰、提示友好，引导用户进行下一步操作或解释错误原因，提示信息可以包括错误原因、上下文环境、推荐操作等。errorMessage：简要描述后端出错原因，便于错误排查人员快速定位问题，注意不要包含敏感数据信息。

正例：常见的 HTTP 状态码如下。

1）200 OK：表明该请求被成功地完成，所请求的资源发送到客户端。

2）401 Unauthorized：请求要求身份验证，常见于需要登录而用户未登录的情况。

3）403 Forbidden：服务器拒绝请求，常见于机密信息或通过复制其他登录用户链接访问服务器的情况。

4）404 Not Found：服务器无法获得所请求的网页，请求资源不存在。

5）500 Internal Server Error：服务器内部错误。

④ 【强制】在前后端交互的 JSON 格式数据中，所有的 key 必须都为小写字母开始的 lowerCamelCase 风格，符合英文表达习惯，且表意完整。

正例：errorCode / errorMessage / assetStatus / menuList / orderList / configFlag

反例：ERRORCODE / ERROR_CODE / error_message / error-message / errormessage / ErrorMessage

⑤ 【强制】errorMessage 是前后端错误追踪机制的体现，可以在前端输出在 type="hidden"文字类控件中，或者用户端的日志中，帮助我们快速定位问题。

⑥ 【强制】对于需要使用超大整数的场景，服务端一律使用 String 字符串类型返回，禁止使用 Long 类型。

说明：Java 服务端如果直接给前端返回 Long 整型数据，JS 会自动转换为 Number 类型（注：此类型为双精度浮点数，表示原理与取值范围等同于 Java 中的 Double）。Long 类型能表示的最大值是 $2^{63}-1$，在取值范围之内，当超过 2^{53}（9007199254740992）的数值转化为 JS 的 Number 时，有些数值会有精度损失。扩展说明，在 Long 取值范围内，任何 2 的指数次整数都是绝对不会存在精度损失的，所以说精度损失是一个概率问题。若浮点数尾数位与指数位空间不限，则可以精确表示任何整数，但很不幸，双精度浮点数的尾数位只有 52 位。

反例：通常在订单号或交易号大于或等于 16 位时，大概率会出现前后端单据不一致的情况,比如,`"orderId":362909601374617692`,前端拿到的值却是 `362909601374617660`。

7 【强制】当 HTTP 请求通过 URL 传递参数时,不能超过 2048 字节。

> **说明**:不同浏览器对于 URL 的最大长度限制略有不同,并且对超出最大长度的处理逻辑也有差异,2048 字节是取所有浏览器的最小值。

> **反例**:某业务将退货的商品 id 列表放在 URL 中作为参数传递,当一次退货商品数量过多时,URL 参数超长,传递到后端的参数被截断,导致部分商品未能正确退货。

8 【强制】HTTP 请求通过 body 传递内容时,必须控制长度,超出最大长度后,后端解析会出错。

> **说明**:Nginx 默认限制为 1MB,Tomcat 默认限制为 2MB,当确实有业务需要传递较多内容时,可以调大服务器端的限制。

9 【强制】在翻页场景中,如果用户输入的参数少于 1,则前端返回第一页参数给后端;如果后端发现用户输入的参数大于最后一页,则直接返回最后一页。

10 【强制】服务器内部重定向必须使用 forward;外部重定向地址必须使用 URL 统一代理模块,否则会因线上采用 HTTPS 而导致浏览器提示"不安全",并且还会带来 URL 维护不一致的问题。

11 【推荐】服务器返回信息必须标记是否可以缓存,如果可以缓存,那么客户端可能会重用之前的请求结果。

> 说明：缓存有利于减少交互次数，减少交互的平均延迟。

正例：http 1.1 中，s-maxage 告诉服务器进行缓存，时间单位为秒，用法如下：

```
response.setHeader
    ("Cache-Control", "s-maxage=" + cacheSeconds);
```

12 【推荐】服务端返回的数据，使用 JSON 格式而非 XML。

> 说明：尽管 HTTP 支持使用不同的输出格式，例如纯文本、JSON、CSV、XML、RSS 甚至 HTML。但如果我们使用面向用户的服务，那么应该选择 JSON 作为通信中使用的标准数据交换格式，包括请求和响应。此外，application/JSON 是一种通用的 MIME 类型，具有实用、精简、易读的特点。

13 【推荐】前后端的时间格式统一为"yyyy-MM-dd HH:mm:ss"，为 GMT。

14 【参考】在接口路径中不要加入版本号，版本控制在 HTTP 头部信息中体现，有利于向前兼容。

> 说明：当用户在低版本与高版本之间反复切换时，会导致迁移复杂度升高，存在数据错乱的风险。

1.11　其他

1 【强制】在使用正则表达式时，利用好其预编译功能，可以有效加快正则匹配速度。

> **说明**：不要在方法体内定义：
>
>   Pattern pattern = Pattern.compile("规则");

2 【强制】避免用 Apache Beanutils 进行属性的 copy。

> **说明**：Apache BeanUtils 性能较差，可以使用其他方案，比如 Spring BeanUtils、Cglib BeanCopier，注意均是浅拷贝。

3 【强制】当 velocity 调用 POJO 类的属性时，直接使用属性名取值即可，模板引擎会自动按规范调用 POJO 的 getXxx() 方法。如果是 boolean 基本数据类型变量（boolean 命名不需要加 is 前缀），则会自动调用 isXxx() 方法。

> **说明**：如果是 Boolean 包装类对象，则优先调用 getXxx() 方法。

4 【强制】后台输送给页面的变量必须加"$!{var}"中间的感叹号。

> **说明**：如果 var 等于 null 或者不存在，那么 ${var} 会直接显示在页面上。

5 【强制】注意 Math.random()方法返回的是 double 类型，取值的范围 0≤x<1（能够取到零值，注意除零异常）。如果想获取整数类型的随机数，不要将 x 放大 10 的若干倍后再取整，直接使用 Random 对象的 nextInt 或者 nextLong 方法即可。

6 【推荐】不要在视图模板中加入任何复杂的逻辑。

> **说明**：根据 MVC 理论，视图的职责是展示，不要抢模型和控制器的工作。

7 【推荐】任何数据结构的构造或初始化，都应指定大小，避免数据结构无限增长而耗尽内存。

8 【推荐】及时清理不再使用的代码段或配置信息。

> **说明**：对于垃圾代码或过时配置，坚决清理干净，避免程序过度臃肿，代码冗余。

正例：对于暂时被注释掉，后续可能恢复使用的代码片断，在注释代码上方，统一规定使用三个斜杠（///）说明注释掉代码的理由。如：

```
public static void hello() {
    /// 业务方通知活动暂停
    // Business business = new Business();
    // business.active();
    System.out.println("it's finished");
}
```

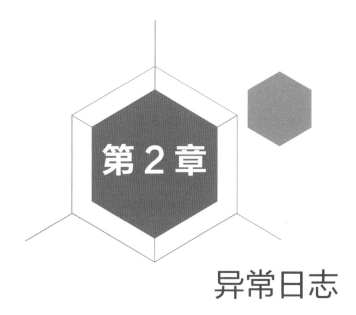

第 2 章

异常日志

异常处理是大部分程序员多年的痛点,本章主要涉及如何定义错误码,定义异常对象、捕获、处理异常事件,如何以合理的日志结构保存出错现场信息,以便快速定位问题。

2.1　错误码

1 【强制】错误码的制订原则：快速溯源、沟通标准化。

> **说明**：错误码设计得过于完美和复杂，就像字典中的生僻字一样，虽然表意精准，但是不易懂。

> **正例**：错误码回答"谁的错？""错在哪？"的问题。
>
> 　　1）错误码必须能够快速知晓错误来源，可快速判断是谁的问题。
>
> 　　2）错误码必须能够清晰地比对（代码中容易 equals）。
>
> 　　3）错误码有利于团队快速对错误原因达成一致。

2 【强制】错误码不体现版本号和错误等级信息。

> **说明**：错误码以不断追加的方式进行兼容。错误等级由日志和错误码本身的释义决定。

3 【强制】当全部正常，但不得不填充错误码时，返回五个零（00000）。

4 【强制】错误码为字符串类型，共 5 位，分为错误产生来源、四位数字编号两部分。

> **说明**：错误产生来源分为 A、B、C 三种，A 表示错误来源于用户，例如参数错误、用户安装版本过低、用户支付超时等；B 表示错误来源于当前系统，例如业务逻辑出错、程序健壮性差等；C 表示错误来源于第三方服务，例如 CDN 服务出错、消息投递超时等；四位数字编

> 号从 0001 到 9999，大类之间的步长间距预留 100。

5 【强制】编号不与公司业务架构和组织架构挂钩，以先到先得为原则在统一平台上办理，一旦审批生效，编号即被永久固定。

6 【强制】错误码使用者避免随意定义新的错误码。

> **说明：** 在代码中使用错误码时，尽可能在原有错误码附表中找到语义相同或者相近的错误码。

7 【强制】错误码不能直接输出给用户作为提示信息使用。

> **说明：** 堆栈、错误码（errorCode）、错误信息（errorMessage）、提示信息（userTip）是一个有效关联并互相转义的和谐整体，但请勿越俎代庖。

8 【推荐】errorCode 之外的业务独特信息由 errorMessage 承载，不要让 errorCode 本身涵盖过多的具体业务属性。

9 【推荐】在获取第三方服务错误时，向上抛出允许本系统转义，由 C 转为 B，并且在错误信息上带上原有的 errorCode。

10 【参考】错误码分为一级宏观错误码、二级宏观错误码、三级宏观错误码。

> **说明：** 在无法确定的错误场景中，可以直接使用一级宏观错误码，分别是：A0001（用户端错误）、B0001（系统执行出错）、C0001（调用第三方服务出错）。

正例：调用第三方服务出错是一级，中间件出错是二级，消息服务出错是
　　　三级。

⑪ 【参考】错误码的后三位数字与 HTTP 状态码没有任何关系。

⑫ 【参考】错误码尽量有利于具有不同文化背景的开发者进行交流
与代码协作。

　说明：英文单词形式的错误码不利于非英语母语国家（如阿拉伯语国家、
　　　　希伯来语国家、俄罗斯语国家等）的开发者之间互相协作。

⑬ 【参考】错误码即人性，感性认知+口口相传，使用纯数字编排
错误码不利于感性记忆和分类。

　说明：数字是一个整体，每位数字的地位和含义是相同的。

反例：一个五位数字 12345，第 1 位是错误等级，第 2 位是错误来源，
　　　345 是编号。人的大脑无法单纯地从数字分辨出其代表的含义。

2.2 异常处理

1 【强制】Java 类库中定义的可以通过预检查方式规避的 `RuntimeException` 不应该通过 `catch` 的方式处理，如：`NullPointerException`、`IndexOutOfBoundsException` 等。

> **说明**：无法通过预检查的异常不在此列，比如当解析字符串形式的数字时，可能存在数字格式错误，通过 `catch NumberFormatException` 实现。

正例：`if (obj != null) {...}`

反例：`try { obj.method(); } catch (NullPointerException e) {...}`

2 【强制】异常被捕获后不要用来做流程控制和条件控制。

> **说明**：异常设计的初衷是解决程序运行中的各种意外，且异常的处理效率比条件判断方式要低很多。

3 【强制】`catch` 时请分清稳定代码和非稳定代码。稳定代码一般指本机运行且执行结果确定性高的代码。对于非稳定代码的 `catch`，尽可能在进行异常类型的区分后，再做对应的异常处理。

> **说明**：对大段代码进行 `try-catch`，将使程序无法根据不同的异常做出正确的"应激"反应，也不利于定位问题，这是一种不负责任的表现。

　　　　正例：在用户注册的场景中，如果用户输入非法字符，或用户名称已存在，或用户输入的密码过于简单，那么在程序上会作出分门别类的判断，并提示用户。

4　【强制】捕获异常是为了处理异常，不要捕获了却什么都不处理而抛弃之，如果不想处理它，请将该异常抛给它的调用者。最外层的业务使用者必须处理异常，将其转化为用户可以理解的内容。

5　【强制】在事务场景中，抛出异常被 catch 后，如果需要回滚，那么一定要注意手动回滚事务。

6　【强制】finally 块必须对资源对象、流对象进行关闭操作，如果有异常就要做 try-catch 操作。

> **说明**：对于 JDK 7 及以上版本，可以使用 try-with-resources 方式。

7　【强制】不要在 finally 块中使用 return。

> **说明**：try 块中的 return 语句执行成功后，并不马上返回，而是继续执行 finally 块中的语句，如果此处存在 return 语句，则在此直接返回，无情地丢弃 try 块中的返回点。

反例：

```
private int x = 0;
public int checkReturn() {
    try {
        // x=1，此处不返回
        return ++x;
```

```
    } finally {
        // 返回的结果是 2
        return ++x;
    }
}
```

⑧ 【强制】捕获异常与抛异常必须完全匹配，或者捕获异常是抛异常的父类。

> **说明**：如果预计对方抛的是绣球，实际接到的是铅球，就会产生意外。

⑨ 【强制】在调用 RPC、二方包或动态生成类的相关方法时，捕获异常必须使用 Throwable 类拦截。

> **说明**：通过反射机制调用方法，如果找不到方法，则抛出 NoSuchMethod
> Exception。在什么情况下会抛出 NoSuchMethodError 呢？二
> 方包在类冲突时，仲裁机制可能导致引入非预期的版本使类的方法
> 签名不匹配，或者在字节码修改框架（比如：ASM）动态创建或修
> 改类时，修改了相应的方法签名。对于这些情况，即使在代码编译
> 期是正确的，在代码运行期也会抛出 NoSuchMethodError。

⑩ 【推荐】方法的返回值可以为 null，不强制返回空集合或者空对象等，必须添加注释充分说明在什么情况下会返回 null 值。此时数据库 id 不支持存入负数而抛出异常。

> **说明**：本手册明确，防止产生 NPE 是调用者的责任。即使被调用方法返回
> 空集合或者空对象，对调用者来说，也并非高枕无忧，必须考虑到远
> 程调用失败、序列化失败、运行时异常等场景返回 null 值的情况。

⑪【推荐】防止产生 NPE 是程序员的基本修养，注意 NPE 产生的场景。

1）当返回类型为基本数据类型，return 包装数据类型的对象时，自动拆箱有可能产生 NPE。

反例：public int f() { return Integer 对象}，如果为 null，则自动拆箱，抛 NPE。

2）数据库的查询结果可能为 null。

3）集合里的元素即使 isNotEmpty，取出的数据元素也可能为 null。

4）当远程调用返回对象时，一律要求进行空指针判断，以防止产生 NPE。

5）对于 Session 中获取的数据，建议进行 NPE 检查，以避免空指针。

6）级联调用 obj.getA().getB().getC();的一连串调用，易产生 NPE。

正例：使用 JDK 8 的 Optional 类防止产生 NPE。

⑫【推荐】定义时区分 unchecked / checked 异常，避免直接抛出 new RuntimeException()，更不允许抛出 Exception 或者 Throwable，应使用有业务含义的自定义异常。推荐业界已定义过的自定义异常，如：DAOException / ServiceException 等。

⑬ 【参考】对于公司外的 HTTP/API 开放接口，必须使用"errorCode"；应用内部推荐异常抛出；跨应用间 RPC 调用优先考虑使用 Result 方式，封装 isSuccess()方法、"errorCode"和"errorMessage"。

> 说明：关于 RPC 方法返回方式使用 Result 方式的理由。
>
> 1）使用抛异常返回方式，调用方如果没有捕获到，就会产生运行时错误。
>
> 2）如果不加栈信息，只是 new 自定义异常，加入自己理解的 errorMessage，对于调用端解决问题的帮助不会太多。如果加了栈信息，在频繁调用出错的情况下，数据序列化和传输的性能损耗也是问题。

⑭ 【参考】避免出现重复的代码（Don't Repeat Yourself），即 DRY 原则。

> 说明：随意复制和粘贴代码，必然导致代码的重复，当以后需要修改时，需要修改所有的副本，容易遗漏。必要时抽取共性方法或公共类，甚至将代码组件化。

正例：一个类中有多个 public 方法，都需要进行数行相同的参数校验操作，这个时候请抽取：

```
private boolean checkParam(DTO dto) {...}
```

2.3　日志规约

1️⃣ 【强制】应用中不可直接使用日志系统（Log4j、Logback）中的 API，而应依赖使用日志框架（SLF4J、JCL--Jakarta Commons Logging）中的 API，使用门面模式的日志框架，有利于维护日志并保证各个类的日志处理方式统一。

> **说明：** 日志框架（SLF4J、JCL--Jakarta Commons Logg ing）的使用方式（推荐使用 SLF4J）。
>
> 1）使用 SLF4J：
>
> ```
> import org.slf4j.Logger;
> import org.slf4j.LoggerFactory;
> private static final Logger logger
>     = LoggerFactory.getLogger(Test.class);
> ```
>
> 2）使用 JCL：
>
> ```
> import org.apache.commons.logging.Log;
> import org.apache.commons.logging.LogFactory;
> private static final Log log
>     = LogFactory.getLog(Test.class);
> ```

2️⃣ 【强制】所有日志文件至少保存 15 天，因为有些异常具备以"周"为频次发生的特点。对于当天日志，以"应用名.log"保存在"/home/admin/应用名/logs/"目录下，过往日志格式：{logname}.log.{保存日期}，日期格式：yyyy-MM-dd。

正例：以 aap 应用为例，日志保存在/home/admin/aapserver/

logs/aap.log 中，历史日志名称为 aap.log.2016-08-01。

③ 【强制】根据国家法律，网络运行状态、网络安全事件、个人敏感信息操作等相关记录，留存日志的时间不少于六个月，并且进行网络多机备份。

④ 【强制】应用中的扩展日志（如打点、临时监控、访问日志等）命名方式：appName_logType_logName.log。logType 为日志类型，如 stats/monitor/access 等；logName 为日志描述。这种命名的好处是通过文件名就可以知道日志文件属于哪个应用，哪种类型，有什么目的，这也有利于归类查找。

> **说明**：推荐对日志进行分类，如将错误日志和业务日志分开存放，既便于开发人员查看，也便于通过日志及时监控系统。

正例：在 mppserver 应用中单独监控时区转换异常，如：

```
mppserver_monitor_timeZoneConvert.log
```

⑤ 【强制】当输出日志时，字符串变量之间的拼接使用占位符的方式。

> **说明**：因为 String 字符串的拼接会使用 StringBuilder 的 append() 方式，所以有一定的性能损耗。使用占位符仅是替换动作，可以有效提升性能。

正例：
```
logger.debug("Processing trade with id: {} and
        symbol: {}", id, symbol);
```

⑥ 【强制】对于 trace/debug/info 级别的日志输出，必须进行日志级别的开关判断。

> 说明：在 debug（参数）的方法体内，虽然当第一行代码 is
> Disabled(Level.DEBUG_INT)为真时（Slf4j 的常见实现
> Log4j 和 Logback）会直接 return，但是参数可能会进行字符
> 串拼接运算。此外，如果 debug(getName())这种参数内有
> getName()方法调用，则会浪费方法调用的开销。

正例：

```
// 如果判断为真，那么可以输出 trace 和 debug 级别的日志
if (logger.isDebugEnabled()) {
    logger.debug("Current ID is: {} and name is: {}",
        id, getName());
}
```

7 【强制】避免重复打印日志，否则会浪费磁盘空间，务必在日志
配置文件中设置 additivity=false。

正例：`<logger name="com.taobao.dubbo.config"`
`additivity="false">`

8 【强制】在生产环境中禁止直接使用 System.out 或 System.
err 输出日志，或使用 e.printStackTrace()打印异常堆栈。

> 说明：只有每次 Jboss 重启时，标准日志输出文件与标准错误输出文件
> 才滚动，如果大量输出送往这两个文件，则容易造成文件大小超过
> 操作系统大小限制。

9 【强制】异常信息应该包括两类：案发现场信息和异常堆栈信息。
如果不处理，那么通过关键字 throws 往上抛出。

正例:

```
logger.error("inputParams:{} and errorMessage:{}",
各类参数或者对象 toString(), e.getMessage(), e);
```

⑩ 【强制】打印日志时，禁止直接用 JSON 工具将对象转换成 String。

> **说明**: 如果对象里某些 get 方法被覆写，存在抛出异常的情况，则可能会因为打印日志而影响正常的业务流程的执行。

> **正例**: 打印日志时，仅打印业务相关属性值或者调用其对象的 toString() 方法。

⑪ 【推荐】谨慎地记录日志。在生产环境中禁止输出 debug 日志；有选择地输出 info 日志；如果使用 warn 记录刚上线时的业务行为信息，则一定要注意日志输出量的问题，避免把服务器磁盘撑爆，并及时删除这些观察日志。

> **说明**: 大量地输出无效日志，既不利于提升系统性能，也不利于快速定位错误点。记录日志时请思考: 这些日志真的有人看吗? 看到这条日志你能做什么? 能不能给问题排查带来好处?

⑫ 【推荐】可以使用 warn 日志级别记录用户输入参数错误的情况，避免当用户投诉时无所适从。

> **说明**: 如非必要，请不要在此场景中打出 error 级别，避免频繁报警。注意日志输出的级别，error 级别只记录系统逻辑出错、异常等重要的错误信息。

13 【推荐】尽量用英文描述日志错误信息。如果日志中的错误信息
用英文描述不清楚，可以使用中文描述，否则容易产生歧义。

> 说明：国际化团队或海外部署的服务器，由于字符集问题，【强制】使用
> 全英文注释和描述日志错误信息。

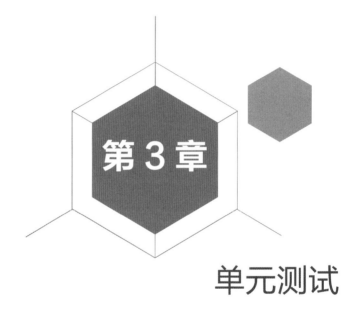

第 3 章

单元测试

什么是好的单元测试标准？如何写好单元测试？本章首次提出 AIR 原则和 BCDE 原则进行衡量。

1 【强制】好的单元测试必须遵守 AIR 原则。

> 说明：单元测试在线上运行时，像空气（AIR）一样感觉不到，但在测试
> 质量的保障方面，却是非常关键的。从宏观上说，好的单元测试具
> 有自动化、独立性、可重复执行的特点。
> - **A**: Automatic（自动化）；
> - **I**: Independent（独立性）；
> - **R**: Repeatable（可重复）。

2 【强制】单元测试应该是全自动执行的，并且是非交互式的。测
试用例通常是被定期执行的，执行过程必须完全自动化才有意义。
需要人工检查输出结果的测试不是好的单元测试。单元测试中不
准使用 System.out 进行人肉验证，必须使用 assert 验证。

3 【强制】保持单元测试的独立性。为了保证单元测试稳定可靠且
便于维护，单元测试用例之间决不能互相调用，也不能依赖执行
的先后次序。

> 反例：method2 需要依赖 method1 的执行，将执行结果作为 method2
> 的输入。

4 【强制】单元测试是可以重复执行的，不能受到外界环境的影响。

> 说明：单元测试通常会被放到持续集成中，每次有代码 check in 时，单
> 元测试都会被执行。如果单元测试对网络、服务、中间件等外部环
> 境有依赖，则容易导致持续集成机制不可用。

正例：为了不受外界环境影响，要求设计代码时就把 SUT 的依赖改成注入，

在测试时用 Spring 这样的 DI 框架注入一个本地（内存）实现或者 Mock 实现。

⑤ 【强制】对于单元测试，要保证测试粒度足够小，有助于精确定位问题。单元测试粒度至多是类级别，一般是方法级别。

说明：只有测试粒度足够小，才能在出错时尽快定位到出错位置。单元测试不负责检查跨类或者跨系统的交互逻辑，那是集成测试的领域。

⑥ 【强制】核心业务、核心应用、核心模块的增量代码确保通过单元测试。

说明：新增代码及时补充单元测试，如果新增代码影响了原有单元测试，请及时修正。

⑦ 【强制】单元测试代码必须写在如下工程目录下：src/test/java，不允许写在业务代码目录下。

说明：源码编译时会跳过此目录，而单元测试框架默认扫描此目录。

⑧ 【推荐】单元测试的基本目标：语句覆盖率达到 70%；核心模块的语句覆盖率和分支覆盖率都要达到 100%。

说明：在工程规约的应用分层中提到的 DAO 层、Manager 层、可重用度高的 Service 层，都应该进行单元测试。

⑨ 【推荐】编写单元测试代码遵守 BCDE 原则，以保证被测试模块的交付质量。

- **B**：Border，边界值测试，包括循环边界、特殊取值、特殊时间点和数据顺序等。

- **C**：Correct，正确地输入，并得到预期的结果。
- **D**：Design，与设计文档相结合，编写单元测试。
- **E**：Error，强制错误信息输入（如：非法数据、异常流程、业务允许输入等），并得到预期的结果。

10【推荐】对于数据库相关的查询、更新、删除等操作，不能假设数据库里的数据是存在的，或者直接操作数据库把插入数据，请采用程序插入或者导入数据的方式准备数据。

> **反例**：删除某一行数据的单元测试，在数据库中，先直接手动增加一行作为删除目标，由于这一行新增数据并不符合业务插入规则，所以会导致测试结果异常。

11【推荐】和数据库相关的单元测试，可以设定自动回滚机制，不给数据库造成脏数据。或者对单元测试产生的数据有明确的前后缀标识。

> **正例**：在阿里云的内部单元测试中，使用 ALIYUN_UNIT_TEST_的前缀来标识单元测试相关代码。

12【推荐】对于不可测的代码，在适当的时机做必要的重构，使代码变得可测。避免为了达到测试要求而书写不规范的测试代码。

13【推荐】在设计评审阶段，开发人员需要和测试人员一起确定单元测试范围，单元测试最好覆盖所有测试用例（TC）。

⑭ 【推荐】作为一种质量保障手段，不建议项目发布后补充单元测试用例，建议在项目提测前完成单元测试。

⑮ 【参考】为了更方便地进行单元测试，业务代码应避免出现以下情况。
1）构造方法中做的事情过多。
2）存在过多的全局变量和静态方法。
3）存在过多的外部依赖。
4）存在过多的条件语句。

说明：多层条件语句建议使用卫语句、策略模式、状态模式等方式重构。

⑯ 【参考】不要对单元测试存在如下误解：
1）那是测试工程师干的事情。本书是开发手册，凡是本书内容，都是与开发工程师强相关的。
2）单元测试代码是多余的。系统的整体功能与各单元部件的测试正常与否是强相关的。
3）单元测试代码不需要维护。如果不维护，那么一年半载后，单元测试几乎处于废弃状态。
4）单元测试与线上故障没有辩证关系。好的单元测试能够最大限度地规避线上故障。

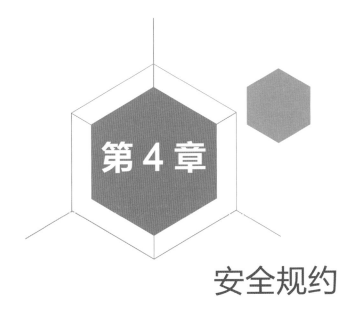

第 4 章

安全规约

"安全生产，责任重于泰山。"这句话同样适用于软件生产场景中，本章主要说明编程中需要注意的安全准则。

1 【强制】隶属于用户个人的页面或者功能必须进行权限控制校验。

> 说明：防止没有做水平权限校验就可以随意访问、修改、删除别人的数据，比如查看他人的私信内容。

2 【强制】用户敏感数据禁止直接展示，必须对展示数据进行脱敏。

> 说明：个人手机号码显示为 137****0969，隐藏中间 4 位，防止隐私泄露。

3 【强制】用户输入的 SQL 参数严格使用参数绑定或者 METADATA 字段值限定，防止 SQL 注入，禁止字符串拼接 SQL 访问数据库。

> 反例：某系统没有对危险字符 # --进行转义，导致在更新数据库时，where 后边的信息被注释掉，对全库进行了更新，从而造成大量系统签名被恶意修改。

4 【强制】用户请求传入的任何参数必须做有效性验证。

> 说明：忽略参数校验可能导致如下情况。
>
> 1）page size 过大导致内存溢出。
>
> 2）恶意 order by 导致数据库慢查询。
>
> 3）缓存击穿。
>
> 4）SSRF。
>
> 5）任意重定向。
>
> 6）SQL 注入、Shell 注入和反序列化注入。
>
> 7）正则输入源串拒绝服务 ReDoS。
>
> Java 代码用正则来验证客户端的输入，有些正则写法验证普通用户输入没有问题，但是如果攻击人员使用特殊构造的字符串来验证，

则有可能导致死循环。

⑤ 【强制】禁止向 HTML 页面输出未经安全过滤或未正确转义的用户数据。

⑥ 【强制】在提交表单、AJAX 时须执行 CSRF 安全验证。

> 说明：CSRF(Cross-Site Request Forgery)跨站请求伪造是一类常见的编程漏洞。对于存在 CSRF 漏洞的应用或网站，攻击者可以事先构造好URL，一旦用户访问，后台便可在其不知情的情况下对数据库中的用户参数进行相应的修改。

⑦ 【强制】URL 外部重定向传入的目标地址必须执行白名单过滤。

⑧ 【强制】在使用平台资源时，例如短信、邮件、电话、下单、支付，必须实现正确的防重放的机制，如数量限制、疲劳度控制、验证码校验，避免被滥刷导致用户受扰或平台资损。

> 说明：例如，注册时将验证码发送到手机，如果没有限制次数和频率，那么可以利用此功能骚扰其他用户，并造成短信平台资源浪费。

⑨ 【推荐】针对发帖、评论、发送即时消息等用户生成内容的场景，必须实行防刷、文本内容违禁词过滤等风控策略。

第 5 章

MySQL数据库

　　底层数据库的规范有助于降低软件实现的复杂度，降低沟通成本。本章主要说明建表规范、索引优化准则及 ORM 层的处理约定。

5.1 建表规约

1 【强制】表达是与否概念的字段，必须使用 is_xxx 的方式命名，数据类型是 unsigned tinyint（1 表示是，0 表示否）。

> **说明**：任何字段如果为非负数，则必须是 unsigned。

> **注意**：POJO 类中的任何布尔类型的变量，都不要加 is 前缀，需要在 <resultMap> 中设置从 is_xxx 到 xxx 的映射关系。数据库表示是与否的值，使用 tinyint 类型，坚持 is_xxx 的命名方式是为了明确其取值含义与取值范围。

> **正例**：表达逻辑删除的字段名 is_deleted，1 表示删除，0 表示未删除。

2 【强制】表名、字段名必须使用小写字母或数字，禁止出现数字开头，禁止两个下画线中间只出现数字。数据库字段名的修改代价很大，因为无法进行预发布，所以字段名称需要慎重考虑。

> **说明**：MySQL 在 Windows 系统中不区分大小写，但在 Linux 系统中默认区分大小写。因此，数据库名、表名和字段名，都不允许出现任何大写字母，避免节外生枝。

> **正例**：aliyun_admin, rdc_config, level3_name。

> **反例**：AliyunAdmin, rdcConfig, level_3_name。

3 【强制】表名不使用复数名词。

> **说明**：表名应该仅仅表示表里面的实体内容，不应该表示实体数量，对应

> 到 DO 类名也是单数形式，符合表达习惯。

④【强制】禁用保留字，如 desc、range、match、delayed 等，请参考 MySQL 官方保留字。

⑤【强制】主键索引名为 pk_ 字段名，唯一索引名为 uk_ 字段名，普通索引名则为 idx_ 字段名。

> **说明**：pk_ 即 primary key，uk_ 即 unique key，idx_ 即 index 的简称。

⑥【强制】小数类型为 decimal，禁止使用 float 和 double 类型。

> **说明**：在存储时，float 和 double 类型存在精度损失的问题，很可能在比较值的时候，得到不正确的结果。如果存储的数据范围超过 decimal 的范围，那么建议将数据拆成整数和小数并分开存储。

⑦【强制】如果存储的字符串长度几乎相等，则使用 char 定长字符串类型。

⑧【强制】varchar 是可变长字符串，不预先分配存储空间，长度不要超过 5000 个字符，如果存储长度大于此值，则应定义字段类型为 text，独立出来一张表，用主键来对应，避免影响其他字段的索引效率。

9 【强制】表必备三字段：id、create_time、update_time。

> **说明**：其中 id 必为主键，类型为 bigint unsigned、单表时自增、步
> 长为 1。create_time 和 update_time 的类型均为 date_time。

10 【推荐】表的命名最好遵循"业务名称_表的作用"原则。

> **正例**：alipay_task / force_project / trade_config。

11 【推荐】库名与应用名称尽量一致。

12 【推荐】当修改字段含义或追加字段表示的状态时，需要及时更
新字段注释。

13 【推荐】字段允许适当冗余，以提高查询性能，但必须考虑数据
一致性。冗余字段应遵循以下原则。
1）不是频繁修改的字段。
2）不是唯一索引的字段。
3）不是 varchar 超长字段，更不能是 text 字段。

> **正例**：各业务线经常冗余存储商品名称，避免查询时需要调用基础服务获取。

14 【推荐】当单表行数超过 500 万或者单表容量超过 2GB 时，才
推荐分库分表。

> **说明**：如果预计三年后的数据量无法达到这个级别，请不要在创建表时就
> 分库分表。

⑮ 【参考】设置合适的字符存储长度，不但可以节约数据库表空间
和索引存储，更重要的是能够提升检索速度。

正例：见表 5-1，其中无符号值可以避免误存负数，且扩大了数据的表示
范围。

表 5-1　字符存储长度

对　　象	时　　间	类　　型	字　节	表示范围
人	150 年之内	tinyint unsigned	1	无符号值：0~255
龟	数百年	smallint unsigned	2	无符号值：0~65535
恐龙化石	数千万年	int unsigned	4	无符号值：0~≈43 亿
太阳	约 50 亿年	bigint unsigned	8	无符号值：0~≈10^{19}

5.2　索引规约

① 【强制】业务上具有唯一特性的字段，即使是多个字段的组合，也必须建成唯一索引。

> **说明**：不要以为唯一索引影响了 insert 速度，这个速度损耗可以忽略，但会明显提高查找速度；另外，即使在应用层做了非常完善的校验控制，只要没有唯一索引，根据墨菲定律，就必然有脏数据产生。

② 【强制】超过三个表禁止 join。需要 join 的字段，数据类型必须绝对一致；当多表关联查询时，保证被关联的字段需要有索引。

> **说明**：即使双表 join，也要注意表索引、SQL 性能。

③ 【强制】在 varchar 字段上建立索引时，必须指定索引长度，没必要对全字段建立索引，根据实际文本区分度决定索引长度即可。

> **说明**：索引的长度与区分度是一对矛盾体，一般对于字符串类型数据，长度为 20 的索引，区分度会高达 90%以上，可以使用 count(distinct left(列名, 索引长度))/count(*)的区分度来确定。

④ 【强制】页面搜索严禁左模糊或者全模糊，如果需要，那么请通过搜索引擎来解决。

> 说明：索引文件具有 `B-Tree` 的最左前缀匹配特性，如果左边的值未确
> 定，那么无法使用此索引。

⑤　【推荐】如果有 `order by` 的场景，请注意利用索引的有序性。
`order by` 最后的字段是组合索引的一部分，并且放在索引组
合顺序的最后，避免出现 `file_sort` 的情况，影响查询性能。

> **正例**：`where a=? and b=? order by c;` 索引：`a_b_c`

> **反例**：索引中如果存在范围查询，那么索引有序性无法利用，如：`WHERE`
> `a>10 ORDER BY b;` 索引 `a_b` 无法排序。

⑥　【推荐】利用覆盖索引进行查询操作，避免回表。

> **说明**：如果想知道一本书的第 11 章是什么标题，我们有必要翻开第 11 章
> 对应的那一页吗？只要浏览一下目录就好，这个目录就起到覆盖索
> 引的作用。

> **正例**：能够建立索引的种类分为主键索引、唯一索引、普通索引 3 种，而
> 覆盖索引只是查询的一种效果，用 `explain` 的结果，`extra` 列会
> 出现 "`using index`"。

⑦　【推荐】利用延迟关联或者子查询优化超多分页场景。

> **说明**：MySQL 并不是跳过 `offset` 行，而是取 `offset+N` 行，然后返回
> 放弃前 `offset` 行，返回 N 行。当 `offset` 特别大的时候，效率会
> 非常低，要么控制返回的总页数，要么对超过特定阈值的页数进行
> SQL 改写。

正例：先快速定位需要获取的 id 段，再关联：

```
SELECT t1.* FROM 表 1 as t1, (select id from 表 1 where
条件 LIMIT 100000,20 ) as t2 where t1.id=t2.id
```

8　【推荐】SQL 性能优化的目标：至少达到 range 级别，要求是 ref 级别，最好是 consts 级别。

> **说明**：
> 　　1）consts 级别是指单表中最多只有一个匹配行（主键或者唯一索引），在优化阶段即可读取到数据。
> 　　2）ref 级别是指使用普通的索引（normal index）。
> 　　3）range 级别是指对索引进行范围检索。

反例：explain 表的结果，type=index，索引物理文件全扫描，速度非常慢，index 级别比 range 级别还低，与全表扫描相比是小巫见大巫。

9　【推荐】当建组合索引时，区分度最高的在最左边。

正例：如果 where a=? and b=?，a 列几乎接近唯一值，那么只需要单建 idx_a 索引。

> **说明**：如果存在非等号和等号混合判断条件，那么在建组合索引时，请把等号条件的列前置。如：where c>? and d=?，即使 c 的区分度更高，也必须把 d 放在索引的最前列，即建立组合索引 idx_d_c。

10　【推荐】防止因字段类型不同造成隐式转换，导致索引失效。

11 【参考】当创建索引时，避免如下极端误解。

1）宁滥勿缺。认为一个查询就需要建一个索引。

2）宁缺毋滥。认为索引会消耗空间、严重拖慢记录的更新及行的新增速度。

3）抵制唯一索引。认为唯一索引一律需要在应用层通过"先查后插"的方式解决。

5.3 SQL 语句

1 【强制】不要使用 count(列名) 或 count(常量) 来替代 count(*)，count(*) 是 SQL92 定义的标准统计行数的语法，与数据库无关，与 NULL 和非 NULL 无关。

> 说明：count(*) 会统计值为 NULL 的行，而 count(列名) 不会统计此列值为 NULL 的行。

2 【强制】count(distinct column) 计算该列除 NULL 外的不重复行数。注意，count(distinct column1, column2)，如果其中一列全为 NULL，那么即使另一列有不同的值，也返回为 0。

3 【强制】当某一列的值全为 NULL 时，count(column) 的返回结果为 0，但 sum(column) 的返回结果为 NULL，因此使用 sum() 时需注意避免 NPE 问题。

> 正例：可以使用如下方式避免 sum 的 NPE 问题：SELECT IFNULL(SUM (column), 0) FROM table;

4 【强制】使用 ISNULL() 判断是否为 NULL 值。

> 说明：NULL 与任何值的直接比较都为 NULL。
>
> 1）NULL<>NULL 的返回结果是 NULL，而不是 false。
>
> 2）NULL=NULL 的返回结果是 NULL，而不是 true。
>
> 3）NULL<>1 的返回结果是 NULL，而不是 true。

反例：在 SQL 语句中，如果在 null 前换行，则会降低可读性。select *
from table where column1 is null and column3 is not
null；而 ISNULL(column) 是一个整体，简捷易懂。从性能数据
上分析，ISNULL(column) 的执行效率更高一些。

⑤ 【强制】在代码中写分页查询逻辑时，若 count 为 0，则直接
返回，避免执行后面的分页语句。

⑥ 【强制】不得使用外键与级联，一切外键概念必须在应用层解决。

说明：以学生和成绩的关系为例，学生表中的 student_id 是主键，成
绩表中的 student_id 为外键。如果更新学生表中的 student_id，
则同时触发成绩表中的 student_id 更新，即为级联更新。外键
与级联更新适用于单机低并发，不适合分布式、高并发集群；级联
更新是强阻塞，存在数据库更新风暴的风险；外键影响数据库的插
入速度。

⑦ 【强制】禁止使用存储过程，存储过程难以调试和扩展，更没有
移植性。

⑧ 【强制】当订正数据（特别是删除或修改记录操作）时，要先
select，避免出现误删除，确认无误才能执行更新语句。

⑨ 【强制】对于数据库中表记录的查询和变更，只要涉及多个表，
就需要在列名前加表的别名（或表名）进行限定。

说明：对多表进行查询记录、更新记录、删除记录时，如果对操作列没有限
定表的别名（或表名），并且操作列在多个表中存在，就会抛异常。

正例: `select t1.name from table_first as t1 , table_`
`second as t2 where t1.id=t2.id;`

反例: 在某业务中，多表关联查询语句没有加表的别名（或表名）的限制，
正常运行了两年，最近在某个表中增加了一个同名字段，在预发布
环境下做数据库变更后，线上查询语句出现 1052 异常: `Column`
`'name' in field list is ambiguous`。

⑩ 【推荐】SQL 语句中表的别名前加 as，并且以 t1、t2、t3……
的顺序依次命名。

> **说明:**
>
> > 1）别名可以是表的简称，或者是表在 SQL 语句中出现的顺序，以
> > t1、t2、t3……的方式依次命名。
> > 2）在别名前加 as 可使别名更容易被识别。

正例: `select t1.name from table_first as t1, table_second`
`as t2 where t1.id=t2.id;`

⑪ 【推荐】in 操作能避免则避免，若实在避免不了，则需要仔细
评估 in 后面的集合元素数量，控制在 1000 之内。

⑫ 【参考】如果有国际化需要，那么所有的字符存储与表示，均以
UTF-8 编码，注意字符统计函数的区别。

> **说明:** `SELECT LENGTH("轻松工作")`; 返回为 12。
>
> > `SELECT CHARACTER_LENGTH("轻松工作")`; 返回为 4。
> > 如果需要存储表情，那么选择 utf8mb4 进行存储，注意它与

UTF-8 编码的区别。

⑬ 【参考】TRUNCATE TABLE 比 DELETE 速度快，且使用的系统和事务日志资源少，但 TRUNCATE 无事务且不触发 trigger，有可能造成事故，故不建议在开发代码中使用此语句。

说明：TRUNCATE TABLE 在功能上与不带 WHERE 子句的 DELETE 语句相同。

5.4　ORM 映射

1　【强制】在表查询中，一律不要使用 * 作为查询的字段列表，需要哪些字段必须明确写明。

> 说明：1）增加查询分析器解析成本。
>
> 　　　2）增减字段容易与 resultMap 配置不一致。
>
> 　　　3）多余字段增加网络开销，尤其是 text 类型的字段。

2　【强制】POJO 类的布尔属性不能加 is，而数据库字段必须加 is_，要求在 resultMap 中进行字段与属性之间的映射。

> 说明：参见 POJO 类及数据库字段定义规定，在 sql.xml 中必须增加映射。

3　【强制】不要用 resultClass 作为返回参数，即使所有类属性名与数据库字段一一对应，也需要定义<resultMap>；反过来，每个表也必然有一个<resultMap>与之对应。

> 说明：配置映射关系，使字段与 DO 类解耦，方便维护。

4　【强制】sql.xml 配置参数使用：#{}，#param# ，不要使用 ${}，此种方式容易出现 SQL 注入。

5　【强制】iBATIS 自带的 queryForList(Stringstatement Name,int start,int size)不推荐使用。

> 说明：其实现方式是在数据库取到 statementName 对应的 SQL 语句的所有记录，再通过 subList 取 start、size 的子集合。

正例:

```
Map<String, Object> map = new HashMap<>(16);
map.put("start", start);
map.put("size", size);
```

6 【强制】不允许直接将 HashMap 与 Hashtable 作为查询结果集的输出。

反例: 某工程师为避免写一个<resultMap>xxx </result Map>, 直接使用 HashTable 接收数据库返回结果, 结果由于数据库版本不一样, 出现日常把 bigint 转成 Long 值, 而线上把 bigint 解析成 BigInteger 的现象, 导致线上出现问题。

7 【强制】更新数据表记录时, 必须同时更新记录对应的修改时间, 即 update_time 字段值为当前时间。

8 【推荐】不要写一个大而全的数据更新接口。传入为 POJO 类, 不管是不是自己的目标更新字段都进行 update table set c1=value1,c2=value2,c3=value3; 是不对的。当执行 SQL 时, 不要更新无改动的字段, 一是容易出错; 二是效率低; 三是增加 binlog 存储。

9 【参考】@Transactional 事务不要滥用。事务会影响数据库的 QPS, 另外, 使用事务的地方需要考虑各方面的回滚方案, 包括缓存回滚、搜索引擎回滚、消息补偿和统计修正等。

10 【参考】<isEqual>中的 compareValue 是与属性值对比的常
量，一般是数字，表示相等时执行相应的 SQL 语句；
<isNotEmpty>表示不为空且不为 null 时执行；<isNotNull>
表示不为 null 时执行。

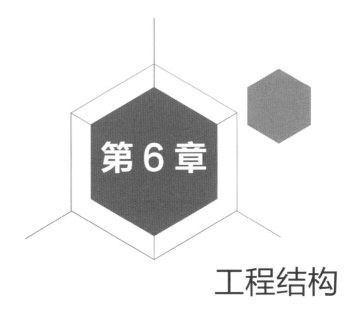

第 6 章

工程结构

应用分层的百花齐放，导致对于分层与领域模型的理解多样化，非常不利于团队合作。本章主要说明应用工程分层思想、二方库约定及基本的服务器知识。

6.1 应用分层

① 【推荐】根据业务架构实践，结合业界分层规范与流行技术框架分析，推荐分层结构如图 6-1 所示，默认上层依赖于下层，箭头关系表示可直接依赖，如：开放 API 层可以依赖于请求处理层（Web 层），也可以直接依赖业务逻辑层（Service 层），以此类推。

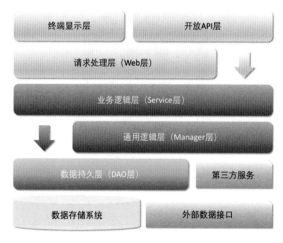

图 6-1　推荐分层结构

1）开放 API 层：可直接封装 Service 接口暴露成 HSF 接口，通过 Web 封装成 HTTP 接口、网关控制层等。

2）终端显示层：各个端的模板渲染并执行显示层。当前主要是

velocity 渲染、JS 渲染、JSP 渲染和移动端展示层等。

3）请求处理层（Web 层）：主要转发访问控制，校验各类基本参数，或者简单处理不复用的业务等。

4）业务逻辑层（Service 层）：相对具体的业务逻辑服务层。

5）通用逻辑层（Manager 层）：有如下特征。

- 对第三方平台封装的层，预处理返回结果及转化异常信息，适配上层接口；

- 对 Service 层通用能力的下沉，如缓存方案、中间件通用处理；

- 与 DAO 层交互，对 DAO 的业务通用能力的封装。

6）数据持久层（DAO 层）：与底层 MySQL、Oracle、HBase 和 OB 进行数据交互。

7）第三方服务：包括其他部门 RPC 服务接口、基础平台、其他公司的 HTTP 接口，如淘宝开发平台、支付宝付款服务、高德地图服务等。

8）外部数据接口：外部（应用）数据存储服务提供的接口，多见于数据迁移场景中。

❷【参考】（分层异常处理规约）在 DAO 层，产生的异常类型有很多，无法用细粒度的异常进行 catch，使用 catch(Exception e) 方式，并 throw new DAOException(e)，不需要打印日志。因为日志在 Manager/Service 层，一定需要捕获并写到日志文件中去，如果同台服务器再写日志，则会降低性能和浪费存储。当 Service 层出现异常时，必须将出错日志记录到磁盘，尽可能带上参数信息，相当于保护案发现场。如果 Manager 层与 Service 层同机部署，则日志方式与 DAO 层处理一致；如果是单独部署，则采用与 Service 一致的处理方式。Web 层绝不应

该继续往上抛异常，因为已经处于顶层，如果意识到该异常将导致页面无法正常渲染，应该直接跳转到友好错误页面，加上用户容易理解的错误提示信息。开放接口层需要将异常处理成 `errorCode` 和 `errorMessage` 的方式返回。

3 【参考】分层领域模型规约。

1）DO（Data Object）：与数据库表结构一一对应，通过 DAO 层向上传输数据源对象。

2）DTO（Data Transfer Object）：数据传输对象，Service 层或 Manager 层向外传输的对象。

3）BO（Business Object）：业务对象，可以由 Service 层输出的封装业务逻辑的对象。

4）Query：数据查询对象，各层接收上层的查询请求。注意，【强制】如果超过 2 个参数的查询封装，则禁止使用 Map 类传输。

5）VO（View Object）：显示层对象，通常是 Web 层向模板渲染引擎层传输的对象。

6.2　二方库依赖

①【强制】定义 GAV 遵从以下规则：

1）GroupID 格式：com.{公司/BU }.业务线.[子业务线]，最多 4 级。

> 说明：{公司/BU}，例如：alibaba/taobao/tmall/aliex press 等 BU 一级；子业务线可选。

正例：com.alibaba.dubbo.register。

2）ArtifactID 格式：产品线名-模块名。语义不重复不遗漏，先到中央仓库进行查证。

正例：dubbo-client / fastjson-api / jstorm-tool。

3）Version：详细规定参考第 **②** 条。

②【强制】二方库版本号命名方式：主版本号.次版本号.修订号。

1）主版本号：产品方向改变，或者大规模 API 不兼容，或者架构不兼容升级。

2）次版本号：保持相对兼容性，增加主要功能特性，影响范围极小的 API 不兼容修改。

3）修订号：保持完全兼容性，修复 BUG、新增次要功能特性等。

> 说明：注意起始版本号必须为：1.0.0，而不是 0.0.1。

> 反例：仓库内某二方库版本号从 1.0.0.0 开始，一直默默"升级"到 1.0.0.64，完全失去版本的语义信息。

③【强制】线上应用不要依赖 SNAPSHOT 版本（安全包除外）；

正式发布的类库必须先到中央仓库进行查证，使 RELEASE 版本号有延续性，且版本号不允许覆盖升级。

> **说明**：不依赖 SNAPSHOT 版本是保证应用发布的幂等性。另外，也可以加快编译时的打包构建。

④ 【强制】二方库的新增或升级，保持除功能点外的其他 jar 包仲裁结果不变。如果有改变，则必须明确评估和验证。

> **说明**：在升级时，进行 dependency:resolve 前后信息比对，如果仲裁结果完全不一致，那么通过 dependency:tree 命令，找出差异点，进行<exclude>排除 jar 包。

⑤ 【强制】二方库里可以定义枚举类型，参数可以使用枚举类型，但是接口返回值不允许使用枚举类型或者包含枚举类型的 POJO 对象。

⑥ 【强制】依赖于一个二方库群时，必须定义一个统一的版本变量，避免版本号不一致。

> **说明**：依赖 springframework-core、-context、-beans，它们都是同一个版本，可以定义一个变量来保存版本${spring.version}。定义依赖的时候，引用该版本。

7　【强制】禁止在子项目的 pom 依赖中出现相同的 GroupId，相同的 ArtifactId，但是不同的 Version。

> **说明**：在本地调试时会使用各子项目指定的版本号，但是当合并成一个 war 时，只能有一个版本号出现在最后的 lib 目录中。可能会出现在线下调试时是正确的，发布到线上却出故障的问题。

8　【推荐】对于底层基础技术框架、核心数据管理平台或近硬件端系统，要谨慎引入第三方实现。

9　【推荐】所有 pom 文件中的依赖声明放在<dependencies>语句块中，所有版本仲裁放在<dependencyManagement>语句块中。

> **说明**：<dependencyManagement>里只是声明版本，并不实现引入，因此子项目需要显式的声明依赖，version 和 scope 都读取自父 pom。而<dependencies>所有声明在主 pom 的<dependencies>里的依赖都会自动引入，并默认被所有的子项目继承。

10　【推荐】二方库不要有配置项，最低限度不要再增加配置项。

11　【推荐】不要使用不稳定的工具包或者 Utils 类。

> **说明**：不稳定指提供方无法做到向下兼容，在编译阶段正常，但在运行时产生异常，因此，尽量使用业界稳定的二方工具包。

⑫【参考】为避免应用二方库的依赖冲突问题，二方库发布者应当遵循以下原则。

1）精简可控原则。移除一切不必要的 API 和依赖，只包含 Service API、必要的领域模型对象、Utils 类、常量、枚举等。如果依赖其他二方库，则尽量是 provided 引入，让二方库使用者依赖具体版本号；无 log 具体实现，只依赖日志框架。

2）稳定可追溯原则。每个版本的变化都应该被记录，二方库由谁维护，源码在哪里，都需要能方便地查到。除非用户主动升级版本，否则公共二方库的行为不应该发生变化。

6.3　服务器

❶ 【推荐】高并发服务器建议调小 TCP 协议的 time_wait 超时时间。

　　说明：操作系统默认 240s 后，才会关闭处于 time_wait 状态的连接。在高并发访问场景下，服务器端会因为处于 time_wait 的连接数过多，而无法建立新的连接，所以需要在服务器上调小此等待值。

　　正例：在 Linux 服务器上可通过变更/etc/sysctl.conf 文件修改该默认值（s）：
　　　　　net.ipv4.tcp_fin_timeout = 30

❷ 【推荐】调大服务器所支持的最大文件句柄数，即 fd（全称：FileDescriptor）。

　　说明：主流操作系统的设计是将 TCP/UDP 连接采用与文件一样的方式管理，即一个连接对应一个fd。主流的Linux 服务器默认支持最大的 fd 数量为 1024，当并发连接数很大时，很容易因为 fd 不足而出现"open too many files"错误，导致新的连接无法建立。建议将 Linux 服务器所支持的最大句柄数调高数倍（与服务器的内存数量相关）。

❸ 【推荐】给 JVM 环境参数设置-XX:+HeapDumpOnOutOfMemoryError 参数，让 JVM 碰到 OOM 场景时输出 dump 信息。

　　说明：OOM 的发生是有概率的，甚至相隔数月才出现一例，出错时的堆内信息对解决问题非常有帮助。

④ 【推荐】在线上生产环境中，将 JVM 的 Xms 和 Xmx 的内存容量设置为同样大小，避免在 GC 后调整堆大小带来的压力。

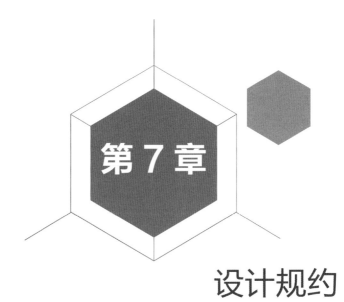

第 7 章

设计规约

诚如序言所讲，程序员是天生的艺术家，软件设计能力就是考验"艺术家"成色的试金石。本章主要说明软件设计过程中 UML 设计准则及基本的架构理念。

1 【强制】存储方案和底层数据结构的设计获得评审一致通过，并沉淀成为文档。

> 说明：有缺陷的底层数据结构容易导致系统风险上升，可扩展性下降，重构成本也会因历史数据迁移和系统平滑过渡而陡然增加，所以对存储方案和数据结构需要认真地设计和评审。生产环境提交执行后，团队成员需要进行 double check。

> 正例：评审内容包括存储介质选型、表结构设计能否满足技术方案、存取性能和存储空间能否满足业务发展、表或字段之间的辩证关系、字段名称、字段类型、索引等；数据结构变更（如在原有表中新增字段）也需要评审通过后再上线。

2 【强制】在需求分析阶段，如果与系统交互的 User 超过 1 类，并且相关的 User Case 超过 5 个，那么使用用例图来表达结构化需求会更加清晰。

3 【强制】如果某个业务对象的状态超过 3 个，那么应使用状态图表达并且明确状态变化的各个触发条件。

> 说明：状态图的核心是对象状态，首先明确对象有多少种状态，然后明确两两状态之间是否存在直接转换关系，再明确触发状态转换的条件是什么。

> 正例：淘宝订单状态有已下单、待付款、已付款、待发货、已发货、已收货等。比如已下单与已收货这两种状态之间是不可能有直接转换关系的。

④【强制】如果系统中某个功能的调用链路上的涉及对象超过 3 个，
则使用时序图表达并且明确各调用环节的输入与输出。

> **说明**：时序图反映了一系列对象间的交互与协作关系，清晰立体地反映了
> 系统的调用纵深链路。

⑤【强制】如果系统中模型类超过 5 个，并且存在复杂的依赖关系，
则应使用类图表达并且明确类之间的关系。

> **说明**：类图就像建筑领域的施工图，如果搭平房，可能不需要，但如果建
> 造"蚂蚁 z 空间"大楼，则肯定需要详细的施工图。

⑥【强制】如果系统中超过 2 个对象之间存在协作关系，并且需要
表示复杂的处理流程，则使用活动图来表示。

> **说明**：活动图是流程图的扩展，增加了能够体现协作关系的对象泳道，支
> 持并发表示等。

⑦【推荐】系统架构设计时明确以下目标。

1）确定系统边界。确定系统在技术层面上的做与不做。

2）确定系统内模块之间的关系。确定模块之间的依赖关系及模
块的宏观输入与输出。

3）确定指导后续设计与演化的原则。使后续的子系统或模块设
计在一个既定的框架内和技术方向上演进。

4）确定非功能性需求。非功能性需求指安全性、可用性、可扩
展性等。

8【推荐】需求分析与系统设计在考虑主干功能的同时，需要充分评估异常流程与业务边界。

> 反例：用户在淘宝付款过程中，银行扣款成功，发送给用户扣款成功短信，但是在支付宝入款时由于断网演练产生异常，淘宝订单页面依然显示未付款，导致用户投诉。

9【推荐】类在设计与实现时要符合单一原则。

> 说明：单一原则是最易理解却又最难实现的一条规则，随着系统演进，工程师很多时候会忘记类设计的初衷。

10【推荐】谨慎使用继承的方式进行扩展，优先使用聚合或组合的方式来实现。

> 说明：若一定要使用继承，则必须符合里氏代换原则，此原则要求在父类能够出现的地方子类一定能够出现，比如"把钱交出来"中，美元、欧元、人民币等钱的子类都可以出现。

11【推荐】在系统设计阶段，根据依赖倒置原则，尽量依赖抽象类与接口，有利于扩展与维护。

> 说明：低层次模块依赖于高层次模块的抽象，方便系统间的解耦。

12【推荐】在系统设计阶段，注意对扩展开放，对修改闭合。

> 说明：在极端情况下，交付的代码是不可修改的，同一业务域内的需求变化，应通过模块或类的扩展来实现。

⑬ 【推荐】在系统设计阶段，共性业务或公共行为抽取出来的公共模块、公共配置、公共类、公共方法等，在系统中不应出现代码重复的情况。

说明：随着代码的重复次数不断增加，维护成本呈指数级上升。

⑭ 【推荐】避免发生如下误解：敏捷开发=讲故事+编码+发布。

说明：敏捷开发是快速交付迭代可用的系统，省略多余的设计方案，摒弃传统的审批流程，但在核心或关键模块上，必须进行必要的设计和文档的沉淀。

反例：为了确保业务快速发展，敏捷成了某团队产品经理催进度的借口，系统中均是勉强能运行但像面条一样的代码，可维护性和可扩展性极差，一年之后，不得不进行大规模重构，得不偿失。

⑮ 【参考】系统设计文档的主要目的是明确需求、理顺逻辑、后期维护，次要目的是指导编码。

说明：避免为了设计而设计，系统设计文档应有助于后期的系统维护和重构，所以设计结果需要进行分类归档保存。

⑯ 【参考】可扩展性的本质是找到系统的变化点，并隔离变化点。

说明：世间众多设计模式其实就是一种设计模式，即隔离变化点的模式。

正例：极致扩展性的标志，就是需求的新增，不会在原有代码交付物上进行任何形式的修改。

17 【参考】设计的本质就是识别和表达系统难点。

> **说明**：识别和表达完全是两回事，很多人错误地认为只要识别到系统难点在哪里，表达只是自然而然的事情，但是大家在设计评审时经常出现语焉不详，甚至词不达意的情况。准确地表达系统难点需要具备如下能力： 表达规则和表达工具的熟练性，抽象思维和总结能力的局限性，基础知识体系的完备性，深入浅出的生动表达力。

18 【参考】代码即文档的观点是错误的，清晰的代码只是文档的某个片断，而不是全部。

> **说明**：代码的深度调用、模块层面上的依赖关系网、业务场景逻辑、非功能性需求等问题是需要相应的文档来完整地呈现的。

19 【参考】在设计无障碍产品时，需要考虑到以下几点。

1）所有可交互的控件元素必须能被 Tab 键聚焦，并且焦点顺序需符合自然操作逻辑。

2）用于登录校验和请求拦截的验证码均需提供图形验证以外的方式。

3）自定义的控件类型需明确交互方式。

> **正例**：在用户登录场景中，输入框的按钮都需要考虑 Tab 键聚焦，符合自然逻辑的操作顺序如下："输入用户名→输入密码→输入验证码→点击登录"，其中验证码实现语音验证方式。如果有自定义标签实现的控件设置控件类型，可使用 role 属性。

附录　专有名词

1. **CAS**（Compare And Swap）：解决多线程并行情况下使用锁造成性能损耗的一种机制，这是硬件实现的原子操作。CAS 操作包含三个操作数：内存位置、预期原值和新值。如果内存位置的值与预期原值相匹配，那么处理器会自动将该位置值更新为新值，否则处理器不做任何操作。

2. **DO**（Data Object）：在阿里巴巴集团内部专指与数据库表一一对应的 POJO 类。

3. **GAV**（GroupId、ArtifactId、Version）：Maven 坐标，用来唯一标识 jar 包。

4. **OOP**（Object Oriented Programming）：本手册泛指类、对象的编程处理方式。

5. **AQS**（AbstractQueuedSynchronizer）：利用先进先出队列实现的底层同步工具类，它是很多上层同步实现类的基础，如 ReentrantLock、CountDownLatch、Semaphore 等，它们通过继承 AQS 实现其模板方法，然后将 AQS 子类作为同步组件的内部类，通常被命名为 Sync。

6. **ORM**（Object Relation Mapping）：对象关系映射，对象领域模型与底层数据之间的转换，本文泛指 iBATIS、MyBatis 等框架。

7. **POJO**（Plain Ordinary Java Object）：在本手册中，POJO

专指只有 setter/getter/toString 的简单类，包括 DO/DTO/BO/VO 等。

8. **AO**（Application Object）：在阿里巴巴集团内部专指 Application Object，即在 Service 层上，极为贴近业务的复用代码。

9. **NPE**（java.lang.NullPointerException）：空指针异常。

10. **OOM**（Out Of Memory）：源于 java.lang.OutOfMemory Error，当 JVM 没有足够的内存为对象分配空间并且垃圾回收器也无法回收空间时，系统出现的严重状况。

11. 一方库：本工程内部子项目模块依赖的库（jar 包）。

12. 二方库：公司内部发布到中央仓库，可供公司内部其他应用依赖的库（jar 包）。

13. 三方库：公司之外的开源库（jar 包）。